LA FLORE PHARAONIQUE

D'APRÈS LES DOCUMENTS HIÉROGLYPHIQUES

ET LES SPÉCIMENS DÉCOUVERTS DANS LES TOMBES

Lyon. — Imp. PITRAT AÎNÉ, A. Rey Successeur, 4, rue Gentil. — 4573

LA
FLORE PHARAONIQUE

D'APRÈS

LES DOCUMENTS HIÉROGLYPHIQUES

ET

LES SPÉCIMENS DÉCOUVERTS DANS LES TOMBES

PAR

Victor LORET

MAÎTRE DE CONFÉRENCES D'ÉGYPTOLOGIE A LA FACULTÉ DES LETTRES DE LYON

Deuxième édition, revue et augmentée, suivie de six index

PARIS

ERNEST LEROUX, ÉDITEUR

28, RUE BONAPARTE

1892

AVERTISSEMENT

DE LA PREMIÈRE EDITION

Depuis plusieurs années, je me suis occupé à relever dans les textes hiéroglyphiques tous les noms de plantes, en vue de reconstituer la flore de l'ancienne Égypte et de combler une lacune qui subsiste encore dans les dictionnaires égyptiens où, en regard de chaque mot désignant un végétal, on ne trouve la plupart du temps que l'indication vague « nom de plante ».

Mais un tel travail n'avance que bien lentement. En cinq ou six ans, je n'ai encore réussi qu'à identifier une cinquantaine de noms de plantes.

La méthode à employer ne permet pas, en effet, d'aller bien vite. Étant donné un nom hiéroglyphique dont le déterminatif nous assure qu'il désigne une plante, quelle est la marche à suivre pour arriver à déterminer l'espèce de cette plante ?

D'abord, il faut voir ce que peuvent donner les recherches philologiques.

On sait que, si l'écriture des anciens Égyptiens a cessé d'être employée dès les premiers siècles de l'ère chrétienne, leur langue du moins s'est conservée à peu près intacte jusqu'au siècle dernier. La langue copte n'est autre chose que l'égyptien écrit avec des lettres grecques. Or, la Bible a été traduite en copte. Donc, tous les noms de plantes cités dans la Bible ont leur équivalent en copte, c'est-à-dire en égyptien.

D'autre part, les Coptes, à l'époque où l'arabe s'est répandu en Égypte, ont produit un certain nombre de *Scalæ*, ou lexiques coptico-arabes, dans lesquels les noms de plantes sont traduits en arabe. Nous avons ainsi une assez longue liste de noms coptes de plantes que l'on peut traduire sûrement, soit à l'aide de la Bible, soit à l'aide des lexiques coptico-arabes. La première recherche à faire est donc de voir si le mot égyptien désignant une plante se retrouve en copte.

Si on ne le retrouve pas en copte, il reste la ressource de le trouver en hébreu ou en arabe. Beaucoup de radicaux sont communs aux trois langues. Les Hébreux, ayant connu certaines plantes en Égypte, ont pu leur conserver leur nom égyptien ; les Arabes d'Égypte ont pu également arabiser à leur usage les désignations anciennes des végétaux qui ne croissaient qu'aux bords du Nil.

Enfin, un dernier recours nous reste. Dioscoride et Apulée ont donné dans leur écrits les noms égyptiens d'un grand nombre de plantes. Ces noms, il est vrai, ont été une première fois déformés par leur transcription en lettres grecques, puis dénaturés encore par les copistes et les éditeurs successifs qui nous ont transmis les ouvrages de ces auteurs. Mais on peut espérer que certains noms ont échappé à trop de mutilations, et, en fait, il se trouve que quelques termes égyptiens, de Dioscoride surtout, sont la transcription presque exacte de mots hiéroglyphiques.

Cinq ou six fois sur dix, le nom d'une plante hiéroglyphique se retrouve en copte, en hébreu ou en arabe. Il reste alors à consolider ces données, fournies par la philologie, au moyen de recherches d'autre nature. C'est là surtout que la tâche devient délicate et périlleuse. Pour chaque plante, la méthode diffère.

S'il s'agit d'une plante médicinale, dont le nom se retrouve plusieurs fois dans les traités de médecine égyptiens que nous possédons, on peut comparer les propriétés indiquées dans ces traités avec celles qu'indiquent pour les mêmes plantes les médecins grecs et latins.

J'ai pu remarquer que, pour les quelques plantes médicinales égyptiennes dont les noms nous sont bien certainement connus, les propriétés que leur attribuent les Égyptiens correspondent

exactement à celles qui, par exemple, leur sont attribuées par
Dioscoride. Il y aura là, un jour, matière à d'intéressants travaux sur l'histoire de la médecine. Si notre plante médicinale,
dont l'espèce nous est déjà indiquée par un dérivé copte, hébreu
ou arabe, se trouve avoir les mêmes propriétés médicales dans
les textes hiéroglyphiques que dans les traités gréco-latins, nous
avons quelque chance d'être près de la vérité.

S'il s'agit d'autres plantes, d'autres procédés sont à employer.
Parfois, les textes mêmes nous aident singulièrement. Des
plantes y sont clairement décrites. D'autres fois, les usages
pour lesquels on utilise les végétaux nous permettent de ne pas
nous égarer.

Telle plante sert à teindre en rouge. A priori, ce peut être le
Carthame. Un texte nous indique qu'on en faisait des couronnes ; or, certaines guirlandes de momies renferment des fleurs
de Carthame. C'est là un argument presque décisif.

Le mot *Habni* désigne un bois. Ce nom se rapproche des
noms sémitiques et gréco-latins de l'ébène. Le même mot se retrouve auprès d'une statue noire. Enfin, les propriétés médicinales de l'ébène et celles du *Habni* sont identiques.

Qu'en conclure, sinon que *Habni* est le plus ancien nom
connu de l'Ébénier, et qu'il a donné naissance à celui dont nous
nous servons encore ?

Un dernier exemple : *Soushin* est le nom égyptien d'une fleur.
Sousan en arabe, *Shoushan* en hébreu, *Shôshen* en copte sont
les noms du Lis. Mais certains textes nous apprennent que le
Soushin était aquatique et poussait dans les canaux d'inondation. Ce peut être alors un lis d'eau ou Nénuphar, d'autant
plus qu'Hérodote nomme le Lotus « lis du Nil ». D'autres documents nous enseignent que les pétales de cette fleur sont blancs,
que ses feuilles sont arrondies et fendues. Il n'y a plus de doutes
à avoir, le *Soushin* est bien le Nénuphar ou Lotus blanc
d'Égypte, soit le *Nymphæa Lotus* L., de sorte que notre pré-
nom Suzanne, qui, on le sait, dérive du nom hébreu du Lis, a,
en réalité, sa source primitive dans le nom égyptien du Lotus

blanc. Et même, chose assez curieuse, il se trouve que ce nom était porté, dans l'Égypte antique, par certains personnages. Je pourrais citer une chanteuse de temple et un chef militaire qui portent le nom de *Soushin* et qui, par conséquent, s'ils vivaient aujourd'hui et s'ils voulaient conserver la même signification à leur nom, se feraient nommer Suzanne.

Comme on le voit, si l'identification des plantes pharaoniques n'est pas une chose facile, elle est du moins possible. Je n'ai jusqu'ici identifié que cinquante noms de plantes environ. La raison en est que, d'une part, je n'ai pu consacrer tout mon temps à ce seul travail et que, d'autre part, il me manque, sur bien des plantes, des données suffisantes, que je ne pourrai réunir qu'à force de dépouiller des textes hiéroglyphiques. A mesure que les déterminations certaines se multiplieront, le nombre des plantes à trouver diminuera nécessairement par élimination, et la besogne ira alors de plus en plus vite.

En attendant, un travail me semble utile à entreprendre. C'est de réunir sur la flore ancienne de l'Égypte tous les documents étrangers à la philologie. Ces documents sont de trois sortes :

1° Les plantes trouvées dans les tombes, les fruits offerts en dons funéraires et desséchés dans les hypogées, les fragments de graminées découverts dans les briques antiques, les végétaux textiles reconnus au microscope dans les tissus, les bois dont on fabriquait les meubles et les cercueils, les chaumes dont on formait des corbeilles, les feuilles dont on tressait des nattes, etc., etc. ;

2° Les renseignements fournis par les auteurs classiques, dont quelques-uns sont restés longtemps en Égypte.

3° Les plantes, fleurs et fruits représentés sur les bas-reliefs et parfois accompagnés de leurs noms hiéroglyphiques.

C'est au premier ordre de documents que je m'attache aujourd'hui. Traiter la question à fond me serait impossible pour le moment. D'abord un certain nombre d'ouvrages spéciaux me font défaut, soit par suite de leur rareté en librairie, soit par suite de leur absence dans les bibliothèques où j'ai accès ; ensuite, bien des recherches restent encore à faire pour déterminer tous les végétaux, contemporains des Pharaons, qui existent dans nos musées.

Je me contenterai donc, en attendant mieux, de dépouiller minutieusement quelques travaux, dont je donne plus loin la. liste, sur les plantes trouvées dans les tombes.

Ces travaux, je me hâte de le dire, sont du reste les plus importants qui aient été écrits sur la question, et les autres, à peu de choses près, n'en sont que les bases ou les résumés.

J'y ajouterai les résultats que j'ai obtenus jusqu'ici par la philologie, résultats consignés dans divers mémoires dont je donne également la liste. Plus tard, je pourrai donner une suite à la publication de ce premier ordre de documents, en compulsant de nouveaux ouvrages et en y ajoutant de nouvelles plantes trouvées dans les textes égyptiens. Le dépouillement des écrivains classiques et l'examen des représentations de végétaux pourront également faire l'objet de mémoires spéciaux.

En résumé, l'étude que je publie ici est bien fixe et bien délimitée. Elle a l'avantage, à défaut d'autres, d'épargner aux botanistes la lecture d'une vingtaine de mémoires dont la plupart sont écrits en langues étrangères ou imprimés, ce qui est pire, avec des caractères hiéroglyphiques. Puisse-t--elle, à ce titre, être jugée avec quelque indulgence.

V. L.

Lyon, 20 mai 1887.

AVERTISSEMENT

DE LA SECONDE ÉDITION

Depuis la première édition de cet ouvrage, — qui s'est trouvé rapidement épuisé, — de nouveaux documents sont venus à ma connaissance. J'en donne plus loin la liste complète. Deux d'entre eux, surtout, m'ont rendu d'inestimables services.

C'est, en premier lieu, la belle *Illustration de la Flore d'Égypte*, de P. Ascherson et G. Schweinfurth, qui est le catalogue le plus complet et le mieux ordonné que l'on possède maintenant sur les végétaux propres au pays des Pharaons. L'index des noms arabes populaires des plantes, qui termine ce volume, sera le bienvenu auprès des philologues et les aidera à pénétrer plus avant dans l'étude des termes hiéroglyphiques relatifs à la botanique.

En second lieu, les découvertes de M. Flinders Petrie au Fayoum nous ont suscité un nouvel explorateur des restes antiques de la flore égyptienne. M. Percy E. Newberry, directeur des Jardins botaniques de Kew, s'est chargé d'examiner minutieusement et d'identifier les plantes, les fruits et les légumes retrouvés dans les tombes par son infatigable compatriote. Cette étude a même séduit le botaniste anglais au point que, quittant pour quelques mois les bords de la Tamise, il s'est rendu sur les rives du Nil afin d'y continuer de plus près ses recherches sur la flore de l'Égypte ancienne. Il est là-bas au moment où j'écris et, si ses trouvailles répondent à son attente, son retour ne manquera pas de nous valoir la publication d'intéressants mémoires.

D'autre part, mes premiers travaux sur la flore pharaonique ont dirigé l'attention de deux jeunes docteurs allemands, MM. Moldenke et Lüring, vers l'examen de la même question, et les thèses qui sont le résumé de leurs études renferment certains résultats heureux, qui ne pourront que les encourager à persévérer dans leurs recherches.

Enfin, continuant moi-même la restitution patiente du lexique botanique des Égyptiens, j'ai eu l'occasion de publier quelques monographies nouvelles et, surtout, d'amasser assez de documents pour pouvoir, dans cette seconde édition, proposer plusieurs identifications de noms, dont l'exactitude ne me paraît pas pour le moment suffisamment démontrée, mais que j'ai tenu pourtant à donner telles quelles, afin que des confrères puissent les rectifier, ou les confirmer, par leurs recherches personnelles.

Grâce aux publications dont je viens de donner un aperçu, la *Flore pharaonique* est devenue de moitié plus volumineuse qu'elle l'était en 1887. Au lieu de 134 espèces, — car dans cette nouvelle édition j'ai cru devoir supprimer les plantes fossiles, — elle en énumère 202. Au lieu de 156 noms scientifiques, elle en mentionne 264. Enfin, l'index hiéroglyphique, qui se composait de 95 mots, s'est augmenté de 61 termes récemment identifiés.

De plus, j'ai ajouté au volume quatre nouveaux index. L'un, comprenant les noms français et vulgaires des plantes, sera utile à ceux d'entre les lecteurs qui ne sont pas familiers avec la nomenclature botanique. Les index hébreu, arabe et copte permettront de retrouver facilement, sous leur orthographe originale, les noms que je n'ai cités, au cours de l'ouvrage, qu'en transcription française. D'ailleurs, les index arabe et copte renferment beaucoup de mots que l'on ne rencontre pas dans les dictionnaires usuels, ou que l'on n'y rencontre qu'imparfaitement traduits.

Je souhaite que ces additions et ces perfectionnements puissent mériter à cette seconde édition l'accueil favorable que l'on a bien voulu témoigner à la première.

V. L.

Lyon, 29 janvier 1892.

LISTE DES OUVRAGES CONSULTÉS

PREMIÈRE ÉDITION

P. FORSKAL. *Flora ægyptiaco-arabica, sive descriptiones plantarum quas per Ægyptum inferiorem et Arabiam felicem detexit* (Hauniæ, 1775).

A. RAFFENEAU DELILE. *Floræ ægyptiacæ illustratio* (Description de l'Égypte. Paris, C. L. F. Panckoucke, 1824, tome XIX, pp. 69-115).

C. S. KUNTH. *Examen botanique des fruits et des plantes de la collection égyptienne* (J. PASSALACQUA, Catalogue raisonné et historique des antiquités découvertes en Égypte. Paris, 1826, pp. 227 et sqq).

F. UNGER. *Der versteinerte Wald bei Kairo und einige andere Arten verkieselten Holzes in Ægypten* (Sitzungsberichte der mathematisch-naturwissenschaftlichen Classe der Kaiserlichen Akademie der Wissenschaften. Wien, 1858).

— *Die Pflanzen des alten Ægyptens* (Ib., 1859).

— *Inhalt eines alten ägyptischen Ziegels an organischen Körpern* (Ib., 1862).

— *Ein Ziegel der Dashurpyramide in Ægypten nach seinem Inhalte an organischen Einschlüssen* (Ib., 1866).

— *Die organischen Einschlüsse eines Ziegels der alten Judenstadt Ramses in Ægypten* (Ib., 1867).

G. SCHWEINFURTH. *Neue Beiträge zur Flora des alten Ægypten* (Berichte der deutschen botanischen Gesellschaft. Berlin, 1883).

— *Ueber Pflanzenreste aus altägyptischen Gräbern* (Ib., 1884).

— *Notice sur les restes de végétaux de l'ancienne Égypte contenus dans une armoire du Musée de Boulaq* (Bulletin de l'Institut égyptien. Le Caire, 1884).

— *Les dernières découvertes botaniques dans les anciens tombeaux de l'Égypte* (Ib., 1886).

— *Die letzten botanischen Entdeckungen in den Gräbern Ægyptens, mit Verbesserungen und Zusätzen* (Engler's botanische Jahrbücher. Leipzig, 1886).

G. SCHWEINFURTH. *Sur les dernières trouvailles botaniques dans les tombeaux de l'ancienne Égypte* (Bulletin de l'Institut égyptien. Le Caire, 1886).

V. LORET. *Le Habin du Papyrus Ebers et l'Ebenus de Pline* (Recueil de travaux relatifs à la philologie et à l'archéologie égyptiennes et assyriennes. Paris, Vieweg, I, p. 132).
— *Sur le Kanna* (Ib., I, p. 190).
— *Sur les noms égyptiens des Lotus* (Ib., I, p. 191).
— *Sur le Nabi* (Ib., I, p. 194).
— *Les palmiers d'Égypte* (Ib., II, p. 21).
— *Les arbres Ash, Sib et Shent* (Ib., II, p. 60).
— *Note complémentaire sur le Kanna* (Ib., IV, p. 156).
— *L'Ébène chez les anciens Égyptiens* (Ib., VI, p. 125).
— *Recherches sur plusieurs plantes connues des anciens Égyptiens : I. L'Olivier et le Moringa. II. L'Aneth. III. Le Grenadier. IV. La Coriandre. V. Le Pommier* (Ib., VII, p. 101).
— *Le Kyphi, parfum sacré des anciens Égyptiens* (Journal asiatique. Paris, 1887).

DEUXIÈME ÉDITION

PROSPERI ALPINI. *De plantis exoticis libri duo*. Venetiis, 1656.
— *Medicina Ægyptiorum*. Lugduni Batavorum, 1718.
— *Historia naturalis Ægypti*. Lugduni Batavorum, 1735.
A. BRAUN. *Die Pflanzenreste des ägyptischen Museums in Berlin*. Berlin, 1877 (Extr. der Berliner anthropol. Gesellschaft. — Aus dem Nachlasse des Verfassers herausgegeben von P. ASCHERSON und P. MAGNUS).
W. PLEYTE. *Bloemen en planten uit Oud-Egypte in het Museum te Leiden* (Jaarvergadering der Nederl. botan. Vereeniging. Leide, 1882).
— *La Couronne de la justification*. Leide, 1884 (Extr. des Trav. du VIe Congr. internat. des Orientalistes à Leide).
F. WÖNIG. *Die Pflanzen im alten Ægypten, ihre Heimat, Geschichte, Kultur, und ihre mannigfache Verwendung im sozialen Leben, in Kultus, Sitten, Gebräuchen, Medizin, Kunst*. 2te Auflage, Leipzig, 1886.
C. E. MOLDENKE. *Ueber die in altägyptischen Texten erwähnten Bäume und deren Verwerthung*. Leipzig, 1886.
P. ASCHERSON ET G. SCHWEINFURTH. *Illustration de la Flore d'Égypte*. Le Caire, 1887 (Extr. des Mémoires de l'Institut égyptien, t. II).
— *Supplément à l'Illustration de la Flore d'Égypte*. Le Caire, 1889 (Ib., t. II).

E. Lüring. *Die über die medicinischen Kenntnisse der alten Ægypter berichtenden Papyri, verglichen mit den medicinischen Schriften griechischer und römischer Autoren.* Leipzig, 1888.

Fl. Petrie. *Hawara, Biahmu and Arsinoe.* London, 1889 (Chapter *Botany* by Percy E. Newberry).

— *Kahun, Gurob, and Hawara.* London, 1890 (Chapter *Botany* by Percy E. Newberry).

G. Ebers. *Papyrus Ebers. Die Maasse und das Kapitel über die Augenkrankheiten.* Leipzig, 1889. (Extr. des XI. Bandes der Abhandlungen der philologisch-historischen Classe der Königl. Sächsischen Gesellschaft der Wissenschaften).

G. Maspero. *Notes au jour le jour*, § 12 [*Les arbres* noubsou *et* ashdou]. London, 1891 (Extr. des Proceedings of the Society of Biblical Archæology, vol. XIII).

V. Loret. *L'Égypte au temps des Pharaons.* Paris, 1889 (Chap. ii, Faune et Flore).

— *Le Champ des Souchets* (Rec. de trav. relat. à la philol. et à l'archéol. égypt. et assyr., t. XIII, p. 197. Paris, 1890).

— *Recherches sur plusieurs plantes connues des anciens Égyptiens :* VI. *La Coriandre.* VII. *Le Caroubier.* VIII. *Le bois de Caroubier.* IX. *La Caroube* (Ib., t. XV).

— *Le Cédratier dans l'antiquité.* Paris, 1891 (Extr. des Annales de la Soc. botan. de Lyon, t. XVII).

LA FLORE PHARAONIQUE

D'APRÈS LES DOCUMENTS HIÉROGLYPHIQUES

ET LES SPÉCIMENS DÉCOUVERTS DANS LES TOMBES

GRAMINÉES

1. **Leersia oryzoides** SWARTZ

Des fragments de cette plante ont été trouvés en grand nombre dans une brique de la pyramide de Dashour, laquelle date de l'Ancien Empire : caryopses unis et comprimés, dont quelques-uns encore entourés de leurs glumes ; plusieurs parties de l'inflorescence. La forme de ces fragments et leur structure anatomique montrent avec certitude qu'ils appartiennent, non au Riz cultivé, mais bien au *Leersia oryzoides*, plante disparue aujourd'hui de l'Égypte, d'après Unger, mais encore mentionnée pourtant dans la Flore égyptienne de Delile, publiée au commencement du siècle. Schweinfurth, qui n'indique pas cette plante dans son ouvrage, m'a appris par lettre qu'elle est très fréquente dans les rizières du Delta.

2. **Phalaris paradoxa** LIN. FIL.

Des fragments nombreux de cette plante ont été trouvés dans la même brique, ainsi que dans une autre brique provenant des ruines de Tell-el-Maskhouta, près du canal de Suez. Le *Phalaris paradoxa* se rencontre encore de nos jours dans tous les

champs de la Haute et de la Basse Égypte. En examinant de près
les restes de la plante antique, on est porté à les considérer
comme appartenant à une Graminée intermédiaire entre le *P.
paradoxa* et le *P. appendiculata* SCHULTZ, qui, on le sait, est
regardé par la plupart des botanistes comme une simple variété
du *P. paradoxa*, et qui se rencontre encore en Égypte, au dire
de Kunth *(Enum. plant.*, I, 33), bien que ni Forskal, ni Delile,
ni Schweinfurth ne le mentionnent dans leurs Flores.

3. **Panicum miliaceum** L.

Plante cultivée de nos jours en Égypte et rangée par Unger
au nombre des anciennes Graminées égyptiennes. Le botaniste
autrichien s'appuie sur un passage d'Hérodote où il est question d'une Babylone auprès de laquelle croissait cette plante ;
mais cette ville peut ne pas être la Babylone du nome memphite.
Il est bon de faire remarquer que le nom arabe du Millet, *Dokhn*,
est employé dans la Bible (Ezéch., IV, 9), sous la forme *Dokhan*.

4. **Panicum italicum** L.

Unger mentionne cette plante d'après Ch. Pickering, qui dit
l'avoir vue représentée dans plusieurs tombes de Thèbes et
d'Eileithyia. Le *P. italicum* n'est pas nommé dans les Flores
égyptiennes. Une brique d'Eileithyia renferme des caryopses
d'une espèce indéterminée de *Panicum*, qui peut être l'une des
deux ici nommées.

5. **Pennisetum typhoideum** PERS.

Plante mentionnée dans la Flore antique d'Unger, avec cette
restriction : « über den einstmaligen Anbau in Ægypten nichts
Sicheres ». Cette espèce est citée dans la Flore égyptienne de
Delile (nᵒ 57).

6. **Arundo Donax** L.

Une scène de chasse gravée à Thèbes, dans le temple funéraire de Médinet-Habou, représente le pharaon Ramsès III poursuivant un lion à travers des touffes de cette plante. Le panicule du Roseau est l'un des signes hiéroglyphiques le plus employés et sert à rendre la voyelle *a*. Enfin, le nom même du Roseau se retrouve dans les textes égyptiens ; la prononciation en est *Nabi*, mot conservé en copte avec le sens de *bois de lance*. Les Égyptiens se servaient du Roseau pour faire des flûtes, des flèches, des treillages, des tubes à l'usage des soufflets de forge ; avec les feuilles, ils tressaient des nattes ; en médecine, ils employaient cette plante pour provoquer l'urine, emploi indiqué de nouveau par Pline, bien des siècles après. Sous le nom de *Nabi de Phénicie*, ils désignaient l'*Acorus Calamus* L. La partie interne de la tige du Roseau est nommée *Agagi* dans le Papyrus Ebers.

7. **Arundo isiaca** DEL.

Unger a découvert des chaumes de cette plante dans un sarcophage provenant de la nécropole de Memphis. Il suppose qu'il ont dû servir de calames à écrire. L'*Arundo isiaca* est encore très répandu de nos jours en Égypte.

8. **Danthonia Forskalii** TRIN.

Différents fragments trouvés dans des briques de Dashour et de Tell-el-Maskhouta ont été rapportés avec doute, par Unger, au *Danthonia Forskalii*, Avénacée très fréquente dans l'Égypte moderne.

9. **Avena strigosa** SCHREB.

Des fragments de cette plante ont été trouvés par F. Petrie dans la nécropole gréco-romaine de Hawara, au Fayoum. Parmi

des offrandes d'Orge de la nécropole de Kahoun (XII⁰ dynastie),
le même savant a retrouvé, entre autres grains qui s'y étaient
glissés, quatre graines de la même espèce d'Avoine. Comme
l'*A. strigosa* n'est spontané qu'en Europe et ne se trouve dans
aucune Flore de l'Égypte moderne, il se peut que l'espèce
reconnue par Newberry, — le botaniste anglais qui a identifié
les plantes recueillies par Fl. Petrie, — doive être rapportée au
Danthonia Forskalii, espèce purement égyptienne.

10. Eragrostis cynosuroides Rœm. et Schult.

Une brique de Dashour contient divers fragments de cette
plante, entre autres des graines qui, mêlées par hasard à la terre
à potier, avaient commencé à y germer. Cette plante se rencontre
encore en Égypte. Une botte de chaumes feuillus de cette espèce
d'*Eragrostis* a été reconnue par Schweinfurth aux côtés d'une
momie royale découverte à Deir-el-Bahari. Enfin, des corbeilles
et des paniers trouvés dans une tombe de Gébéleïn étaient
formés avec les chaumes et les feuilles de cette Graminée. Cette
plante porte en arabe le nom de *Gashsh* (Schw., *Flore*, n° 1216).
Or, une espèce de roseau porte en ancien égyptien le nom de
Gash ou *Qash*, conservé en copte sous la forme *Kash*. Il est bien
probable que c'est cette espèce d'*Eragrostis* que désignent les
textes hiéroglyphiques.

11. Eragrostis abyssinica Link.

Céréale cultivée abondamment de nos jours en Abyssinie, où
elle est connue sous le nom de *Teff;* elle donne un pain d'excel-
lente qualité. De nombreux restes de cette plante, trouvés dans
des briques de Dashour et de Tell-el-Maskhouta, nous prouvent
que l'*Eragrostis abyssinica* était autrefois cultivé en Égypte,
d'où il a disparu de nos jours. Comparant le nom abyssinien à
la dénomination latine, Unger se demande si ce n'est pas à cette
plante que Pline fait allusion dans le passage suivant : « Ægypto

autem ac Syriæ Ciliciæque et Asiæ et Græciæ peculiares zea, olyra, tiphe (XVIII, 81) ». Schweinfurth m'a suggéré l'idée que peut-être la plante étudiée par Unger doit être identifiée avec l'*Eragrostis ægypliaca* Link., plutôt qu'avec l'espèce éthiopienne.

12. **Kœleria phleoides** Pers.

Quelques épis de cette petite Graminée ont été trouvés dans une tombe de Dra-abou'l-neggah, mais Schweinfurth suppose qu'ils sont relativement modernes. En tout cas, le *K. phleoides* ne se rencontre ni dans Forskal, ni dans Delile ; le seul *Kœleria* égyptien est, au dire de Kunth *(Enum. plant.*, I, 383), le *K. laxa* Lk. Boissier, pourtant, dans sa *Flora orientalis* (V, 572) déclare avoir vu le *K. phleoides* en Égypte, et Schweinfurth cite les deux espèces, en faisant de la seconde une simple variété de la première.

13. **Triticum vulgare** Vill.

Des grains de Froment ont été très souvent rencontrés dans les tombes égyptiennes, et il s'en trouve exposés dans presque tous les musées d'Europe. Le Blé antique de l'Égypte a donné lieu à plusieurs expériences intéressantes, celle, entre autres, peut-être un peu naïve, de le semer à nouveau après plus de trois mille ans de dessèchement. Cette expérience, il est à peine besoin de le dire, n'a nullement été couronnée de succès. Des chimistes ont remarqué que le Blé égyptien, placé dans de l'alcool bouillant, lui cède une substance résineuse que l'eau en précipite; d'où la conclusion curieuse que les Égyptiens, pour mieux conserver les grains destinés à la nourriture du défunt, les vernissaient avant de les renfermer dans les tombes. Et, en fait, cet enduit résineux a si bien préservé le Blé, que la fécule en a gardé toutes ses propriétés chimiques. Schweinfurth a trouvé du Blé bien plus petit que l'espèce ordinaire, et qu'il compare au *Blé de Béhéra* de l'Égypte moderne; d'autres botanistes, par contre, ont remarqué des grains beaucoup plus gros que ceux de nos jours.

Le Froment, nommé *Souo* en copte, porte en hiéroglyphes le nom de *Sou* ; on le divisait en *Sou blanc* et *Sou rouge*. On le trouve souvent représenté dans les tombes, au milieu de scènes de récoltes. Il est toujours nommé dans le texte officiel des listes d'offrandes à faire aux défunts, et on l'employait fréquemment en médecine.

14. **Triticum durum** Désf.

A côté du mot *Souo*, on rencontre toujours, dans les *Scalæ* coptes (K., 192-193), le mot *Emraï*. *Souo* est rendu par l'arabe *el-qamh el-hontah*, qui est le nom spécifique du *T. vulgare*. Le mot *Emraï* est rendu par l'arabe *el-qamh el-iousfi*. Or, d'après Schweinfurth *(Flore, Suppl.* pp. 781-783), cette épithète *iousfi* s'applique aux diverses variétés égyptiennes du *T. durum.* Les anciens Égyptiens divisaient leur Froment en Froment rouge et Froment blanc ; les Coptes le divisaient en *Souo* et *Emraï*, c'est-à-dire en *T. vulgare* et *T. durum.* Il serait curieux de rechercher si, au point de vue botanique, la division copte répond à la division égyptienne.

15. **Triticum turgidum** L.

Unger a découvert, dans une brique d'El-Kab, des fragments de cette céréale, très cultivée de nos jours en Égypte. De Candolle en a reconnu les grains dans un certain nombre de cercueils de momies.

16. **Triticum dicoccum** Schrank.

Des épis et des graines isolées de cette espèce de Froment ont été reconnus par Schweinfurth au milieu d'offrandes provenant d'une tombe de Gébéleïn ; ces fragments appartiennent à la variété *tricoccum* Schübl.

17. **Triticum Spelta** L.

On sait, grâce aux écrivains classiques, que l'Épeautre croissait en Égypte; on en a, du reste, au dire d'Unger, retrouvé
des graines dans les tombes. Le nom hiéroglyphique de l'Épeautre
était *Bôtï*, mot conservé intact par les Coptes. Comme pour le
Froment, les Égyptiens divisaient l'Épeautre en *Bôtï blanc* et
Bôtï rouge.

Si l'on considère l'égyptien *Bôti* comme nom de l'Épeautre,
c'est que, en copte, *Boti* est employé dans les trois passages de
la Bible où l'hébreu porte *Kussemet*, et le grec, ὄλυρα. La *Scala*
publiée par Kircher ne renferme pas le mot *Boti*. Un exemplaire
de la même *Scala*, dont la copie m'a été communiquée par
M. Amélineau, porte ʙᴏᴛɪ = *al-hommos, al-dourà. Hommos*
est le nom arabe du Pois chiche et *Dourà* celui du Doura ou
Sorgho. On peut donc hésiter, pour traduire l'égyptien *Bôtï*,
entre l'Épeautre et le Doura.

18. **Hordeum vulgare** L.

Des grains d'Orge se trouvent dans les tombes en aussi grande
abondance que les grains de Froment. Des fragments de la
plante se rencontrent dans des briques d'El-Kab. Le nom égyptien de l'Orge était *Ati*, mot déformé en copte sous l'orthographe
Iôt. Les Égyptiens connaissaient l'*Ati blanc* et l'*Ati rouge*.
Des pains d'Orge, reconnus par Schweinfurth, et exposés au
Musée de Boulaq, proviennent d'une tombe comtemporaine des
pyramides, ce qui montre l'antiquité de la culture de cette
céréale en Égypte. Fl. Petrie a découvert dans la nécropole de
Kahoun, qui date de la XIIe dynastie, des grains d'Orge appartenant à une espèce plus petite que celle que l'on cultive de nos
jours. Les Égyptiens préparaient de la bière d'Orge, à laquelle
ils donnaient le nom de *Haqi*. Tandis que la plupart des rive-
rains du Nil préparent aujourd'hui la bière avec des grains

fermentés, les Égyptiens laissaient à cet usage germer l'Orge,
comme nous le faisons aujourd'hui. La preuve en a été donnée
par Schweinfurth, qui a trouvé, dans un tombeau de Thèbes, un
paquet de grains d'Orge ayant des radicules de plusieurs centimètres de longueur, le tout noué soigneusement et placé sur
la poitrine de la momie.

Je me demande pourtant si la conclusion de Schweinfurth
est juste et si ces grains d'Orge germés n'avaient pas uu caractère funéraire plutôt qu'un but utilitaire. Il existe au Musée de
Florence (n° 2194) une pyramide creuse dans laquelle se trouve
un moule d'Osiris accompagné de grains d'Orge en germe. Or,
on sait que la germination de l'Orge jouait un grand rôle dans
les fêtes funèbres du mois de Khoïak, célébrées en souvenir de
la Passion d'Osiris.

Au dire de Pollux *(Onomast.*, IV, 77), les Égyptiens fabri-
quaient de petites flûtes en chaume d'Orge.

19. **Hordeum hexastichum** L.

Des parties de cette espèce d'Orge ont été reconnues parmi les
débris de végétaux mêlés à la terre de briques de Dashour et de
Tell-el-Maskhouta. D'autre part, des grains rôtis d'*H. hexasti-
chum* et des fragments de chaumes de la même plante ont été
découverts dans une tombe de Gébéleïn. Schweinfurth estime
que c'est cette espèce que les Égyptiens cultivaient de préfé-
rence à la première, bien qu'elle ne soit plus cultivée de nos
jours sur les bords du Nil.

20. **Saccharum ægyptiacum** WILLD.

Cette plante, d'après une communication de Schweinfurth,
fournit la matière de tous les calames que l'on a rencontrés
dans les cercueils pharaoniques. Elle existe encore en Égypte et
y est employée au même usage. Fl. Petrie en a trouvé des
fragments dans la nécropole gréco-romaine de Hawara, au
Fayoum.

21. **Imperata cylindrica** L.

Cette plante, qui se rencontre encore communément par toute l'Égypte, a été retrouvée par Fl. Petrie parmi les végétaux qui accompagnaient les momies gréco-égyptiennes de la nécropole de Hawara, au Fayoum.

22. **Andropogon Schœnanthus** L.

Espèce inconnue aujourd'hui en Égypte. Cette plante est souvent mentionnée dans les recettes hiéroglyphiques de parfumerie, sous les dénominations suivantes : *Roseau d'Éthiopie, Jonc du Soudan, Souchet occidental.* Ces noms semblent montrer que l'*A. Schœnanthus* ne croissait pas plus dans l'Égypte ancienne que dans l'Égypte moderne, et que les parfumeurs le tiraient de l'Afrique centrale, où on le rencontre encore de nos jours. Pourtant, il reste à savoir si le σχοῖνος des Grecs, qui est bien certainement l'équivalent de ces dénominations pharaoniques, doit être identifié avec l'*A. Schœnanthus*, comme l'ont fait tous les commentateurs botanistes. Schweinfurth oppose à cette identification l'origine indienne de la plante, mais Kunth *(Enumer. plant.*, I, 493) la déclare spontanée en Arabie et au Cap.

23. **Andropogon laniger** Desf.

Synonyme *Gymnanthelia lanigera* Anders. Schweinfurth a trouvé, dans un cercueil de Deir-el-Bahari remontant à la XXIIe dynastie, des épis complets ainsi que des fragments de chaumes de cette plante, laquelle croît encore de nos jours dans les déserts égyptiens qui longent l'Arabie.

24. **Sorghum vulgare** Pers.

Le Sorgho est représenté sur quelques monuments égyptiens.

Des grains, trouvés dans les tombes, s'en trouvent exposés dans divers musées, entre autres dans celui de Florence. Enfin, Pickering a trouvé, dans un cercueil ouvert à Saqqarah, des tiges de Sorgho entrelacées à des chaumes de Papyrus. Malgré cela, Schweinfurth refuse de croire à l'existence du Sorgho dans l'Égypte ancienne. A. de Candolle serait tenté de voir, dans les documents pharaoniques, des restes et des figures du *S. saccharatum* PERS., mentionné dans la Bible sous le nom de *Dokhan* (Ezéch., IV, 9), mot correspondant à l'arabe *Dokhn*, qui désigne à la fois le Millet et le Sorgho sucré. On a vu plus haut (n° 17) que le copte *Boti* est, dans une *Scala,* traduit par l'arabe *Dourà*, qui désigne le Sorgho. Or le mot *Boti* existe dans l'ancien égyptien. On en pourrait conclure que les Égyptiens connaissaient le Sorgho, si *Boti*, dans les textes bibliques, ne servait également à rendre le grec ὄλυρα, nom de l'Épeautre. D'autre part, on serait tenté de considérer comme origine de l'arabe *Dourà* deux mots hiéroglyphiques dont l'un, *Tourà*, désigne une plante à chaume lisse et dont l'autre, *Touroutà*, est le nom bien certain d'une céréale.

CYPÉRACÉES

25. **Cyperus rotundus** L

Les rhizomes très odorants de ce *Cyperus* sont mentionnés dans les recettes de parfumerie égyptienne, entre autres dans les recettes du Kyphi. Le mot *Gaïou* sert en hiéroglyphes à désigner à la fois le *C. esculentus* et le *C. rotundus*. Le mot *Shabin* servait à en désigner les rhizomes. On n'a pas retrouvé cette plante dans les tombes, mais tous les auteurs anciens s'accordent pour déclarer qu'elle croissait en Égypte, où on la rencontre encore en grande abondance.

26. **Cyperus esculentus** L.

Les Égyptiens mangeaient les rhizomes de cette plante comme plats de dessert ; le fait est constaté par Pline et Théophraste. Aussi est-il bien naturel qu'on en ait retrouvé de pleines coupes dans les tombes égyptiennes. Ces rhizomes, provenant de Thèbes, sont exposés au Musée de Boulaq. Les Arabes, qui en font au Caire un très grand commerce, les nomment *Habb-el-aziz*, c'est-à-dire « grains exquis ». Comme on vient de le voir, le nom hiéroglyphique de cette plante est le même que celui du *C. rotundus*. Dans les *Scalæ*, le nom du rizhome du *C. esculentus* est *Bykki*, mot qui paraît répondre à l'égyptien *Baka, Bakaȧa.*

27. **Cyperus melanorhizus** Del.

Au sujet des tubercules de Souchet comestible exposés au Musée égyptien de Berlin et provenant de la collection Passalacqua, A. Braun écrit : « Die im Museum befindlichen Knollen wie auch die heutzutage in Ægypten gezogenen, sind vorwiegend rundlich und kleiner, als bei der in den botanischen Gärten Deutschlands cultivirten Pflanze, welche vorwiegend längliche Knollen hat, und gehören möglicher Weise einer abweichenden Form an. Sie gleichen weit mehr den Knollen der in Mittelmeergebiete, sowie auch in Ægypten, vielfach wild wachsenden Form des *Cyperus esculentus*, welche wiederholt als eigene Art unter den Namen *Cyperus aureus* Ten. und *C. melanorrhyzus* Del. beschrieben worden ist. » D'après Delile, en effet, tandis que les tubercules du *C. esculentus* sont nommés en arabe *Habb-el-aziz*, ceux du *C. melanorhizus* (et non *melanorrhizus* comme l'imprime Braun), sont appelés *Habb-el-aziz ez-zoghaïer aou el-asouad*, c'est-à-dire « *Habb-el-aziz* petits ou noirs ». C'est donc bien là une seconde espèce, ou du moins une seconde variété botanique, mais à laquelle les anciens

Égyptiens donnaient fort vraisemblablement le même nom qu'à l'espèce ordinaire.

28. **Cyperus Papyrus** L.

Est-il besoin de démontrer ici que le Papyrus est une plante de l'ancienne Égypte? La chose est connue depuis longtemps par une quantité de documents classiques. Du reste, comme pour les plantes précédentes, on a trouvé dans les tombes des spécimens antiques du Papyrus. Un certain nombre de momies, entre autres celles de quelques rois de la XVIIIe dynastie, tenaient dans leurs mains des tiges entières de Papyrus, surmontées de leur ombelle multiradiée.

Le Papyrus servait chez les Égyptiens à bien des usages. La partie inférieure de la tige, coupée près de la racine, était assez charnue pour fournir un aliment à la classe pauvre. On la mâchait crue, comme on fait aujourd'hui de la Canne à sucre, ou bien on la faisait bouillir. Le Papyrus donnait aussi un charbon très estimé. Les tiges, longues, lisses et flexibles, servaient à faire des paniers, des cages, et même, en les réunissant à l'aide de bitume, des bateaux légers qui voguaient sur les eaux calmes des canaux. La nacelle où fut déposé Moïse était en Papyrus, d'après le mot spécial employé dans le texte hébreu de la Bible.

Mais le principal emploi du Papyrus était la fabrication d'une espèce de papier. La partie externe de la tige triangulaire de cette plante est formée de plusieurs pellicules concentriques, très légères, comparables à des pelures d'Oignon. On détachait cespellicules en battant doucement la tige, et on les taillait en pièces d'environ 20 à 30 centimètres de long sur 5 à 6 de large. A l'aide de colle de pâte, on réunissait par le bord, dans le sens de la longueur, un certain nombre de ces pièces.

Lorsqu'on avait obtenu ainsi plusieurs feuilles, on les collait à plat l'une sur l'autre, en plus ou moins grand nombre, selon la force que l'on voulait donner au papier. On avait soin, pour obtenir plus de solidité, de placer alternativement les feuilles en travers l'une de l'autre, en faisant se croiser les fibres des pellicules. Lorsqu'on avait atteint l'épaisseur voulue, on polissait le papier avec des polissoirs d'ivoire et il était prêt alors à recevoir l'écriture. On fabriquait du papyrus un peu par toute l'Égypte, mais l'un des principaux centres de fabrication était la ville de Saïs. A l'époque gréco-romaine, le Papyrus fut l'objet d'une importante exportation. Hiéron de Syracuse fit transplanter le Papyrus en Sicile, où il réussit admirablement, à tel point qu'aujourd'hui on ne le rencontre plus nulle part en Égypte, par suite du manque de culture, tandis qu'il forme spontanément de grands bosquets impénétrables dans beaucoup de rivières des environs de Syracuse.

Le Papyrus, demandera-t-on, plante égyptienne par excellence, ne croissait-il donc pas naturellement en Égypte ? — Rien ne le prouve. Boissier le déclare spontané en Afrique tropique australe, en Abyssinie, en Nubie et en Syrie, — où probablement il fut importé d'Égypte. Les Égyptiens auraient donc tiré le Papyrus du Haut-Nil, ce qui serait un document intéressant pour l'histoire de leur origine, car, dès les temps les plus reculés, le Papyrus est employé dans les hiéroglyphes comme symbole du Delta. On pourrait pourtant admettre que le Papyrus, autrefois spontané en Égypte, s'est retiré vers le Sud par suite d'un refroidissement du climat égyptien.

Chose curieuse, on n'a pas encore trouvé en hiéroglyphes le nom du Papyrus. Cela tient à ce que, la plante étant très connue, on se contentait d'en donner la figure dans les inscriptions, sans l'accompagner de signes phonétiques pouvant permettre d'en déterminer la prononciation.

Pourtant, le signe du Papyrus, qui est très employé pour symboliser le Delta, avait par lui-même la valeur de la syllabe *Ha*, d'où l'on peut conclure que *Ha* fut le nom, ou l'un des noms, du Papyrus.

Le papier de Papyrus se nommait, en ancien égyptien, *Djamâ*. La partie de la tige qui servait à faire ce papier, ou, entortillée, à fabriquer des liens solides, se nommait *Ater*.

29. **Cyperus longus** L.

Le Souchet que l'on rencontre le plus fréquemment en Égypte
est le *C. longus*. Or, les anciens Égyptiens désignaient, dès le
début de leur histoire, certaines régions marécageuses du Delta
sous le nom de *Champ des Arou*. Ce mot répond exactement
au copte *Arô* qui, dans les *Scalæ* coptico-arabes, est rendu par
Saad, nom arabe du *C. longus*. *Arou* est donc bien le nom
antique de cette espèce, dont Théophraste nous apprend qu'elle
croissait sur les rives du Nil.

30. **Cyperus fastigiatus** Forsk.

Théophraste et, d'après lui, Pline décrivent une Cypéracée
égyptienne du nom de *Sari*. Tous les commentateurs s'accordent
pour voir dans le *Sari* le *C. fastigiatus*. Seul, C. Fraas
(Synops., p. 297) est d'un avis différent et identifie le *Sari*
avec le *C. comosus* Sibth. L'argument dont il appuie son identification est assez probant puisque, selon lui, le mot grec σάρι
sert encore de nos jours à désigner en Grèce le *C. comosus*.

D'autre part, on rencontre dans les textes hiéroglyphiques
une plante nommée *Sâr*, *Sari*, *Sar-it*, dont les caractères
concordent exactement avec ce que Théophraste dit du σάρι. C'est
une plante aquatique, rangée ordinairement dans les inscriptions
à côté du Lotus, du Papyrus et de diverses espèces de Roseau ;
elle servait à l'alimentation, était employée en médecine, et sa
tige, — haute d'environ deux coudées, d'après l'écrivain grec,
— fournissait des cannes.

Comme le *C. comosus* ne pousse qu'en Grèce, tandis que le
C. fastigiatus est très répandu en Égypte, c'est probablement à
cette dernière espèce qu'il faut rapporter le σάρι égyptien de
Théophraste et le *Sari* hiéroglyphique.

31. **Cyperus alopecuroides** Rottb.

Dans un tombeau découvert à Gébéleïn par M. Maspero, se trouvait une natte formée de tiges coupées en deux d'une Cypéracée que l'on a reconnue, après examen au microscope, être le *C. alopecuroides*. Pourtant, Schweinfurth, qui rapporte ce fait, donne comme synonyme de cette plante le *C. dives* Del., qui est ordinairement considéré, par Delile lui-même tout le premier, comme une espèce différente. Ces deux plantes, d'ailleurs, se rencontrent encore aujourd'hui par toute l'Égypte.

Le nom arabe du *C. alopecuroides* est *Koûsh* (Schw., *Flore*, nº 1082), dérivé probablement de l'égyptien ancien *Qash* ou *Gash*, que nous avons déjà rapporté à l'*Eragrostis cynosuroides*.

32. **Scirpus maritimus** L.

Cette Cypéracée, encore très fréquente de nos jours en Égypte, a été retrouvée, par Fl. Petrie, parmi les restes de végétaux pharaoniques conservés dans la nécropole de Hawara, au Fayoum.

AROÏDÉES

33. **Acorus Calamus** L.

Cette plante, connue des anciens sous le nom de *Calamus aromaticus*, était certainement connue des Égyptiens. Son nom hiéroglyphique, *Kanna*, se trouve dans presque toutes les recettes de parfums. Il est à peine besoin de faire remarquer l'analogie frappante qui existe entre ce nom ancien de la plante et les noms gréco-latins d'où est dérivé notre mot *canne*. L'*A. Calamus* ne croît pas aujourd'hui en Égypte. Je ne crois pas qu'il y ait poussé non plus dans l'antiquité. D'après la périphrase *Roseau de Phénicie* sous laquelle est désigné l'Acore dans plusieurs textes égyptiens, il est à supposer qu'on le faisait venir d'Asie par l'intermédiaire des marchands phéniciens, qui le tiraient soit de l'Europe, soit de l'Asie orientale, seules contrées où la plante se rencontre à l'état spontané. Les Égyptiens le nommaient aussi *Roseau odorant*, expression équivalant à *Calamus aromaticus*. L'arabe et l'hébreu ont pour l'Acore le mot *Qannah*, analogue au *Kanna* hiéroglyphique.

TYPHACÉES

34. **Typha angustifolia** L.

Cette plante se rencontre aujourd'hui dans le Delta. D'après Unger, une monnaie égyptienne du temps d'Hadrien représenterait le dieu Nil tenant en main une tige de *T. angustifolia*.

ALISMACÉES

35. **Alisma Plantago** L.

Une boîte à jeu du Louvre (salle civile, K) fait mention d'une plante *Rimi*, qui croît dans l'eau et dont les fleurs sont d'un aspect agréable. En rapprochant ce mot du copte *Arim*, traduit par ἄλιμα (pour ἄλισμα), je crois qu'il est à peu près certain que le mot hiéroglyphique désigne l'*A. Plantago*, plante qui, du reste, croît de nos jours en Égypte et y poussait autrefois, au dire des auteurs classiques. Il n'existe, à ma connaissance, que deux autres exemples de ce nom égyptien, assez rare dans les textes. L'un d'eux, orthographié *Rrim–it* (une faute d'impression, ou de copie, a fait mettre le fragment de chair derrière co mot, au lieu du bouton de Lotus), se trouve dans une phrase où il est question d'une guirlande de Lotus et de Plantain que l'on doit attacher au cou d'une femme (G. MASP., *Étud. égypt.*, I, 174). Le deuxième, écrit *Rimî*, est mutilé, de sorte que la seconde consonne peut se lire *m* ou *sh ;* il est déterminé par la touffe de Papyrus et fait partie d'une liste de plantes aquatiques (DE ROUGÉ, *Edfou*, CVI). Le *Rimî*, étant une plante d'eau à fleurs décoratives, peut donc parfaitement être le Plantain.

PALMIERS

36. **Hyphæne thebaica** MART.

Palmier dichotome à feuilles flabelliformes que l'on rencontre dans la Haute-Égypte et que les auteurs classiques, qui l'indiquent comme plante égyptienne, nomment *Cucifère*. Les Arabes le nomment *Doum*. De là les synonymes *Cucifera thebaica* DEL., et *Douma thebaica* POIR. Ce palmier est fréquemment représenté sur les monuments égyptiens en compagnie du Dattier. Son nom hiéroglyphique était *Mama*. Les fruits de cet arbre se rencontrent en abondance dans les tombes égyptiennes, dès l'époque de la XII⁰ dynastie, par exemple dans la nécropole de Kahoun.

Ce fruit, dans les inscriptions hiéroglyphiques, est nommé *Qouqou*, et il est certain que c'est de ce mot que dérive le nom gréco-romain *Cucifère*, littéralement « l'arbre qui porte des *Qouqou* ». Quelques égyptologues, trompés par l'analogie, ont voulu voir dans ce fruit la Noix de coco, mais on sait que le Cocotier était inconnu des anciens Égyptiens. M. H. Brugsch s'est excusé récemment *(Zeitsch.*, XXIX, p. 29) d'avoir donné dans son *Dictionnaire hiéroglyphique* la forme *Qouqou*, comme nom du fruit du Cucifère, au lieu de l'orthographe *Houqouqou* qui, selon lui, est la seule correcte. Il renvoie les incrédules au Pap. Sall. I, 8/4. J'y ai été voir, par acquit de conscience : le mot y est bien lisiblement écrit *Qouqou*, à deux reprises différentes, et non *Houqouqou* comme l'indique M. Brugsch.

Strabon rapporte qu'on faisait des nattes avec les feuilles du Cucifère ; il existe au Musée de Florence (nᵒ 2703) une paire de sandales fabriquées avec ces mêmes feuilles.

37. **Hyphæne Argun** MART.

Synonymes *Medemia Argun* HOOK., *Areca Passalacquæ* KUNTH. Le fruit de ce Palmier se rencontre également dans les tombes ; quelques spécimens en existent au Musée de Berlin. Cette espèce ne croît plus aujourd'hui en Égypte ; on ne la rencontre qu'en Nubie, entre Korosko et Abou-Hamed. Il est certain, pourtant, que le *H. Argun* poussait en Égypte, puisqu'un texte égyptien, qui le nomme *Mama à noyau*, l'indique comme ayant été planté dans le jardin funéraire du scribe Anna, à Thèbes, sous la XVIIIᵉ dynastie. Le Musée de Florence (nᵒ 3606) contient un fruit de *H. Argun* identifié à tort, dans le catalogue, avec l'*Areca Faufel* GÆRTN. (= *A. Catechu* L.). Parmi les fruits rapportés par Fl. Petrie de la nécropole égyptienne de Kahoun (XIIᵉ dynastie), Newberry a reconnu trente noyaux de *H. Argun*, au sujet desquels il écrit : « That they belong to this species, and not to the allied form *H. thebaica*, is clearly shown by their oval shape and by their possessing a ruminated albumen. »

Schweinfurth a retrouvé des fruits du même Palmier dans une tombe de Drah–abou'l–neggah, qui date également de la XIIᵉ dynastie.

38. **Phœnix dactylifera** L.

Le nom égyptien du Dattier est *Bounnou* ou *Phounnou*. Il est d'autant plus probable que ce mot est l'origine du grec φοῖνιξ que le même mot *Bounnou* ou *Phounnou*, avec le déterminatif de l'oiseau, sert à désigner le phénix, animal sacré adoré à

Héliopolis. Le nom du Dattier revient dans un grand nombre de textes, l'arbre est souvent représenté sur les monuments, enfin, des Dattes ont été trouvées en grand nombre dans les tombes. Au sujet du Dattier, il est intéressant de rappeler que les Égyptiens connaissaient déjà les sexes des plantes dioïques. Nous le savons par Hérodote et par les textes hiéroglyphiques ; seulement, considérant les choses à l'inverse de nous, ils nommaient Dattier mâle celui qui produit les fruits. Les nervures médianes des frondes de Dattier servaient, comme elles servent encore de nos jours, à fabriquer des cannes, des cages et des sièges légers ; on les nommait *Bâ*, *Bâï* ou *Bâa-it* en ancien égyptien *(Baï* en copte). Les filaments qui naissent à la base des feuilles, et que l'on appelait *Shou nou bounnou*, « cheveux de Dattier », étaient employés, comme nos brosses de chiendent, pour nettoyer les objets peu fragiles, par exemple les cornes et les sabots des taureaux destinés aux sacrifices. Les feuilles, nommées *Outou (Woutou)*, — en copte *Bît (Wît)*, — servaient à tresser des nattes, des corbeilles, des sandales, etc. En médecine, on recommandait souvent les Dattes pour leur propriétés laxatives.

Migliarini, qui distingue bien dans son catalogue du Musée de Florence les fruits du *H. thebaica*, du *H. Argun* et du *P. dactylifera*, attribue à une quatrième espèce, le *P. reclinata* JACQ., certaines Dattes trouvées dans des tombes égyptiennes *(Flor.*, nº 3614). Cette espèce ne se rencontre de nos jours qu'au Cap de Bonne-Espérance.

39. **Calamus fasciculatus** ROXB.

Une canne formée d'une espèce de Rotang, que Schweinfurth attribue avec doute au *C. fasciculatus*, a été découverte par Maspero dans une tombe égyptienne de Gébéleïn.

JONCACÉES

40. **Juncus maritimus** Lmk.

Des fragments de cette plante ont été trouvés par Unger, dans une brique de la pyramide de Dashour. Le *J. maritimus* croît encore en Égypte ; Delile le cite dans sa Flore, sous le n° 383, ainsi que Schweinfurth, sous le n° 1075.

IRIDACÉES

41. **Iris sibirica** L.

Fl. Petrie a rapporté de ses fouilles à Hawara des restes d'une espèce d'Iris que Newberry identifie avec l'*I. sibirica*. Cette espèce n'existe pas aujourd'hui en Égypte, où les seules espèces spontanées sont, d'après Schweinfurth, l'*I. Sisyrinchium* L. et l'*I. Helenæ Barbey* Boiss. Au dire de Dioscoride, les Égyptiens connaissaient l'Iris et ·lui donnaient le nom de νάρ, mot non encore retrouvé dans les inscriptions hiéroglyphiques, mais dont la sonorité est d'autant plus égyptienne qu'un arbre *Nâr*, de genre inconnu, est parfois mentionné dans les textes (Champ., *Not.*, I, 747 ; *Todt.*, cxxv, 16 ; *Gr. Pap. Harris*, xxx, 5).

LILIACÉES

42. **Allium Cepa** L.

L'Oignon des Égyptiens est souvent mentionné chez les auteurs classiques, à partir d'Hérodote, qui nous apprend quelle quantité énorme en consommèrent les constructeurs des pyramides. On le trouve de même très fréquemment représenté dans les tombeaux, attaché en botte. L'Oignon était en effet l'un des aliments les plus estimés des Égyptiens et, à ce titre, l'un de ceux que l'on offrait le plus habituellement aux défunts. On en a même trouvé dans la main d'une momie, et Fl. Petrie en a découvert en quantité dans la nécropole de Hawara.

Le nom hiéroglyphique de l'Oignon n'a pas encore été reconnu d'une manière certaine dans les textes, mais, comme le signe égyptien qui représente un Oignon a la prononciation *Houdj*, il est probable que cette syllabe nous donne le nom de la plante. M. Maspero a trouvé, dans un tombeau de Thèbes, le mot *Badjar* écrit à côté d'un personnage qui porte une botte d'Oignons. Si ce mot se rapporte à la plante représentée, il nous donnerait l'origine de l'hébreu *Bezel* et de l'arabe *Basal*, qui tous deux désignent l'*A. Cepa*. Le nom copte *Emdjôl* présente aussi, par changement du *b* en *m*, beaucoup de rapport avec ces trois noms.

Le copte *Htit* paraît être l'ancien *Houdj*. Dans une *Scala* copte-arabe, *Htit* est rendu par *Silq* (*Beta vulgaris* L.). Dans une *Scala* copto-gréco-arabe, le même mot est rendu par κράμβη, κρόμμυον, γήτειον, qui désignent le Chou (*Brassica oleracea* L.), l'Oignon et l'*Allium fistulosum* L., et par *Emdjôl*, *Basal* (*Allium Cepa* L.).

43. **Allium sativum** L.

L'Ail n'est pas représenté sur les monuments. Le nom copte de cette plante est *Shgên* ou *Shdjên*, qui dériverait d'un nom égyptien *Sagin* ou *Shagin*, mais un tel mot n'a jamais, que je sache, été trouvé dans les textes hiéroglyphiques. Les documents égyptiens, soit figurés, soit écrits, ne font donc pas mention de l'Ail. Hérodote (II, 125) est la seule autorité sur laquelle on puisse s'appuyer pour établir la connaissance de l'Ail chez les anciens Égyptiens.

44. **Allium Porrum** L.

Le Porreau est nommé dans les textes bibliques. Pline l'in—

dique comme plante égyptienne. On ne le trouve d'ailleurs ni représenté sur les monuments, ni mentionné dans les inscriptions sous un nom analogue au copte *Egé, Edji*. Pourtant, Schweinfurth a reconnu des Porreaux provenant de deux tombes égyptiennes. L'espèce antique paraît intermédiaire entre l'*A. Porrum* et l'*A. Ampeloprasum* L., espèce dont, selon A. de Candolle, le Porreau cultivé ne serait qu'une variété. Il y aurait à faire, sur ces anciens spécimens, des études intéressantes au sujet de l'histoire des plantes cultivées. Malheureusement, les recherches au microscope faites jusqu'ici par le Dr Volkens n'ont donné qu'un résultat décevant, à savoir que le Porreau des tombes égyptiennes ne se rapporte à aucun *Allium* connu de nos jours, mais présente des caractères communs à plusieurs espèces distinctes.

45. Allium ascalonicum L.

Unger reconnaît l'Échalotte dans les représentations d'un monument égyptien situé à Sarbout-el-Khadem, au Sinaï. La plante figurée me paraît, pour ma part, plutôt être l'Oignon, dont l'*A. ascalonicum* ne serait du reste qu'une variété, d'après l'opinion de la plupart de botanistes. Schweinfurth considère également comme douteuse l'identification d'Unger.

46. Scilla pusilla Migl.

Le catalogue du musée égyptien de Florence renferme, pour le n° 3615, la mention suivante : « BULBES de la *Scylla pusilla*, trouvées sur la poitrine d'une momie de femme. » Les seuls *Scilla* que l'on rencontre aujourd'hui en Égypte sont le *S. maritima* L. et le *S. peruviana* L., dont le premier porte en arabe les noms d'*Askîl, Basal-el-fâr* et *Basal-el-onseyl*. C'est le seul que mentionnent les lexiques copto-arabes, qui portent : « PI-SKYLLA = *Basal-el-fâr* ; OU-ASKILI = *Basal-el-onseyl* », et « EMDJÔL-HEUT = *Basal-el-onseyl*. » Il est certain que les bulbes de Florence n'appartiennent pas au *S. maritima*, car cette plante est très particulière et l'auteur du catalogue de ce musée, A. M. Migliarini, qui est botaniste, l'aurait certainement reconnue. Il n'y aurait donc à hésiter qu'entre le *S. pusilla* et le *S. peruviana*, à moins que ces bulbes n'appartiennent au genre *Crinum*, reconnu par Schweinfurth et Volkens sur une momie de Thèbes. Apulée, dans son chapitre *Scilla rubra*, donne comme nom égyptien de cette plante le mot *Sylitho* ; Dioscoride, parlant de la σκίλλα, n'en donne pas le nom égyptien.

47. **Asphodelus fistulosus** L.

On vient de voir que le copte *Emdjôl-heut* est rendu par l'arabe *Basal-el-onseyl*, qui est un des noms du *Scilla maritima*. Mais ce nom arabe s'applique aussi à l'*Asphodelus fistulosus* (Schw., n° 1067). Or, au Papyrus gnostique de Leide (verso, v, 14) on trouve le grec ἀσφόδελος, rendu par le démotique *Mdjoulhout*, « Oignon sauvage » (H. Brugsch, *die Ægyptologie*, p. 393), qui répond exactement au copte *Emdjôl-heut*. Cette espèce d'Asphodèle se rencontre encore très fréquemment par toute l'Égypte.

ASPARAGINÉES

48. **Asparagus officinalis** L.

Unger a cru reconnaître l'Asperge dans plusieurs représentations égyptiennes. Tous les bas-reliefs dont il parle ne représentent pas l'Asperge d'une façon certaine. Il en est pourtant plusieurs dans lesquels il est fort possible de reconnaître cette plante. Fr. Wœnig a cité des représentations analogues, et j'en ai de mon côté réuni quelques-unes. Les Asperges y sont figurées sous la forme de corps droits, assez minces et allongés, coupés carrément à une extrémité et arrondis à l'autre, peints en vert clair, et ordinairement attachés en botte, au moyen de deux ou trois liens également espacés. Il est bien probable, comme on l'a pensé, que ce sont là des Asperges. On les trouve représentées parmi les offrandes, dès l'époque des dynasties memphites. Dans les lexiques copto-arabes, le nom de l'Asperge est *Krikonalia* ou plus simplement *Alia*. Je n'ai jamais rencontré, dans les textes hiéroglyphiques, de mot dans lequel on pût voir le nom égyptien de l'*A. officinalis*.

AMARYLLIDÉES

49. Crinum abyssinicum HOCHST.

La momie de la princesse Nesi–Khonsou avait les yeux et la bouche recouverts d'une pellicule provenant, d'après les recherches du docteur Volkens, d'une espèce de *Crinum* au sujet de laquelle Schweinfurth hésite entre le *C. abyssinicum* et le *C. Tinneanum* Ky. P. Je ne trouve aucun *Crinum* dans les Flores égyptiennes de Delile, de Forskal on de Schweinfurth.

50. Narcissus Tazzetta L.

Cette espèce de Narcisse s'est naturalisée en Égypte au point de pouvoir y être presque considérée comme spontanée. La naturalisation doit en être fort ancienne, car les fouilles de Fl. Petrie à Hawara ont amené la découverte de restes de cette plante. Le nom copte que donnent les *Scalæ* pour le Narcisse est *Narkioson*, mot que l'on pourrait croire tiré du grec si le nom arabe de la plante n'était *Nargis*. Il est vrai que les Arabes eux-mêmes ont emprunté aux botanistes grecs bien des dénominations végétales.

CONIFÈRES

51. **Juniperus phœnicea** L.

Des fruits de Genévrier ont été découverts, comme offrandes
funèbres, dans deux tombes de Thèbes, à Deir-el-Bahari et à
Drah-abou'l-neggah ; il s'en trouve au Musée de Berlin, rapportés d'Égypte par Passalacqua, ainsi qu'au Musée de Florence.
Des fragments de résine de Genévrier se trouvent au même
musée, de même qu'un appareil à gaufrer le linge, fait en bois de
Genévrier. Fl. Petrie a rapporté de Hawara un certain nombre
de spécimens du même fruit. Le nom égyptien du Genévrier,
que l'on trouve écrit *Ouân, Aoŭn, Annou, Ouâr, Arou*,
paraît, à cause même de ces différentes orthographes, être d'origine étrangère, ce qui semblerait prouver que le *J. phœnicea*
ne croissait pas naturellement en Égypte. Les baies de Genièvre
portaient un nom spécial, *Pershou*, qui semble, lui aussi, dériver
d'un radical sémitique. Les baies de Genièvre étaient employées
en médecine et en parfumerie. Le bois de Genévrier, presque
toujours indiqué dans les textes comme bois syrien, servait à
faire des cannes. On trouve enfin, à l'ouest d'Alep, une localité
mentionnée sous le nom de *Ta tes-it ouân*, « la colline des
Genévriers », dès la XVIIIe dynastie.

52. **Pinus Cedrus** L.

Le Cèdre n'a pas été retrouvé dans les tombes, mais son nom
égyptien, *Sib*, répondant au copte *Sibe, Sébe*, est souvent
mentionné dans les textes.

On a dit souvent que l'Égypte ne produit pas de Conifères.
Delile cite pourtant, comme arbres cultivés en Basse-Égypte, le
Cyprès et le Pin d'Alep. De plus, il est certain que le Cèdre
croissait en Égypte, au moins à l'époque des pyramides. Dans

la tombe de Ti, à Saqqarah, deux ouvriers sont représentés en train de travailler du bois de Cèdre. Le même arbre est nommé dans un texte religieux de la pyramide du roi Pépi, de la VIe dynastie. Au temps de l'Ancien Empire, les Égyptiens n'avaient certainement pas encore de relations commerciales avec la Syrie ; les charpentiers de la tombe de Ti ne travaillaient donc que des bois de leur pays. De plus, la présence du mot *Sib* dans un texte religieux archaïque semble bien indiquer que le Cèdre était un arbre égyptien.

M. E. Lüring affirme que le mot *Sib* n'est pas nommé au Papyrus Ebers et que, par conséquent, on doit rayer ce nom des dictionnaires. En admettant que M. Lüring ait raison en ce qui concerne le Papyrus Ebers, l'arbre *Sib* n'en est pas moins nommé au tombeau de Ti (n° 124), ainsi que dans les pyramides d'Ounas (ll. 565, 589), de Mirinri (l. 779) et de Pépi I (l. 669). Il faut donc le laisser dans les dictionnaires et lui conserver sa traduction.

Il existe au Musée de Berlin (n° 7014) de la sciure de Cèdre trouvée dans l'intérieur d'une momie (F. Wönig, *Die Pflanzen im alten Ægypten*, p. 387). Le Musée du Louvre (L. 180) et celui de Florence (n° 3117) possèdent des restes de ce vernis jaunâtre qui était composé de naphte et de résine de Cèdre, et dont les Égyptiens se servaient pour conserver les peintures de leurs sarcophages. Certains scarabées, même, sont modelés en cette matière *(Flor.*, n°ˢ 1183 et 1188).

53. **Pinus Pinea** L.

Deux cônes de cette espèce de Pin ont été trouvés, par Mariette, dans une tombe qui semble appartenir à la XIIe dynastie et faire partie de la nécropole de Drah-abou'l-neggah. Fl. Petrie en a également découvert dans la nécropole gréco-romaine de Hawara, au Fayoum. Le *P. Pinea* ne semble pourtant pas avoir poussé spontanément en Égypte. Si, comme tout le fait supposer, le mot hiéroglyphique *Ab* désigne le cône du Pin, les cònes auraient joué dans la mythologie égyptienne un rôle assez important au sujet du mythe solaire. Leur forme allongée les aurait fait comparer à l'obélisque, dont les rapports avec le soleil ne sont plus discutés.

54. **Pinus halepensis** AIT.

D'après les recherches de John (F. WÖNIG, *die Pflanzen im alten Ægypten*, p. 387), c'est la résine du Pin d'Alep qui domine dans la composition antiseptique dont les Égyptiens se servaient pour momifier leurs morts. Au sujet de la résine du Pin d'Alep, voir plus loin, au n° 164.

SALICINÉES

55. **Salix Safsaf** FORSK.

Le nom antique de cet arbre, très fréquent sur les bords du Nil, est *Tari*, en copte *Tôre*, *Thôri*. Les feuilles du Saule, pliées en deux, cousues ensemble et ornées de pétales de fleurs, servaient à faire les guirlandes dont on décorait les momies. Les cadavres d'Ahmès I, d'Aménophis I, à la XVIIIe dynastie, celui de la princesse Nesi-Khonsou, à la XXIIe, portaient de ces guirlandes. On en a trouvé également dans une tombe de Sheikh-abd-el-gournah. Le Saule était l'arbre sacré de Tentyris; l'une des cérémonies religieuses qu'accomplissait le roi dans cette localité consistait à dresser un Saule devant l'image d'Hathôr.

56. **Populus alba** L.

Théophraste nous apprend *(Hist. plant.*, IV, 8) que le Peuplier blanc se rencontrait sur les bords du Nil, mais non en très grande abondance.

Delile, Forskal et Schweinfurth le mentionnent dans leurs Flores égyptiennes comme arbre cultivé, en l'accompagnant de son nom arabe *Hour*. Unger a trouvé, dans une brique de Tell-el-Yahoudi, deux fragments de bois qu'il attribue, avec doute, au genre *Populus*. Si cette attribution est juste, les fragments ne peuvent guère provenir que de l'espèce *P. alba*.

Il existe dans les textes égyptiens un arbre nommé *Harou* ou *Harouir* (Pap. de Turin, 62, 1). Ce peut être la transcription du nom arabe, *Hour*, du Peuplier blanc, à moins qu'on ne préfère y voir l'équivalent de l'hébreu *Haroul*, *spina*, *paliurus*, *vepres*, *urtica*, sens qui s'accorde beaucoup mieux avec l'ensemble de la phrase : « Un grand fourré se présente devant toi ; tu pénètres au milieu de *Harouir* qui font obstacle et tu ne sais comment t'y diriger ».

CUPULIFÈRES

57. **Quercus Suber** L.

Les fouilles de Fl. Petrie à Hawara lui ont fourni des échantillons de liège, c'est-à-dire d'écorce de *Quercus Suber* ou Chêne-liège. Cet arbre prospère dans les régions méditerranéennes et on le cultive de nos jours en Égypte, au dire de Schweinfurth, avec deux autres espèces de Chêne, le *Q. pedunculata* EHRB. et le *Q. lusitanica* LMK. Peut-être y était-il également cultivé dans l'antiquité pharaonique. Les traductions coptes de la Bible ont en effet pour le Chêne deux noms qui semblent bien être d'origine antique, *Si* ou *Sei*, *Shên* ou *Shshên*. Le gland du Chêne est nommé *T-petpe* dans la traduction copte d'Isaïe VI, 13 (*Cod. par.* 44, fol. 112). Enfin, les *Scalæ* portent *Pi-balanos* avec la traduction arabe *Balout*, mot qui désigne le Chêne. D'autre part Théophraste *(Hist. plant.*, IV, 2, 8), répété par Pline *(Hist. nat.*, XIII, 19), nous apprend qu'il se trouvait, dans le nome de Thèbes, « une vaste forêt abondamment fournie d'Acacia, de Chêne, de Perséa et d'Olivier ». L'ensemble de ces documents nous reporte, au plus tôt, au

IIIᵉ siècle avant notre ère. Mais il est possible que les Égyptiens, à une époque antérieure, aient cultivé, ou du moins connu, quelque espèce de Chêne et que nous ayons chance d'en trouver le nom en hiéroglyphes. Migliarini attribue au *Q. Esculus* L. certaines feuilles composant une guirlande funéraire égyptienne du Musée de Florence *(Catal.*, p. 72).

58. **Corylus Avellana** L.

Les mêmes fouilles de Fl. Petrie à Hawara ont amené la découverte de Noisettes. Les auteurs classiques ne parlent pas du Noisetier à propos de l'Égypte, mais les *Scalæ* coptes portent le nom de *Pantoki*, traduit par *Boundouq*, nom arabe de la Noisette. Il reste à savoir si le mot *Pantoki* est dérivé d'un mot hiéroglyphique, ancêtre de l'arabe *Boundouq*, ou s'il n'est que la transcription copte du nom arabe. Quatre Noisettes sont exposées, au Musée Guimet, dans la même boîte que les deux Noix dont nous parlons ci-dessous.

JUGLANDACÉES

59. **Juglans regia** L.

Des Noix ont été également trouvées dans la nécropole de Hawara. Le Noyer, pas plus que le Noisetier, n'est rangé par les botanistes classiques au nombre des arbres égyptiens. Pourtant, le nom du Noyer se rencontre dans les *Scalæ* coptes, sous la forme *Pi-orkonon* ou *Pi-orkanon*, mot d'apparence grecque, mais qu'on ne rencontre, à ma connaissance, chez aucun écrivain grec. Le nom de la Noix, dans les mêmes *Scalæ*, est *Koïri* ou *Kaïre*. Ce nom peut être d'origine égyptienne, mais il peut être aussi une déformation du mot grec κάρυον au pluriel. On doit rapprocher de la découverte de Fl. Petrie la présence, au Musée Guimet (Vitr. 3, case C), d'une boite contenant deux Noix et quatre Noisettes découvertes, s'il faut en croire une étiquette collée sur la boîte, dans une sépulture égyptienne. Cette boîte fut achetée telle quelle, il y a une quarantaine d'années, chez un marchand d'antiquités de Dijon, et l'on en ignore la provenance. Elle a été offerte au Musée Guimet par M. Morel-Retz. J'aurais mis en doute son authenticité, et je me serais abstenu d'en parler, si des Noix n'avaient été découvertes à Hawara.

URTICACÉES

60. **Morus nigra** L.

Des restes de cette plante ont été découverts à Hawara par M. Flinders Petrie. Le Mûrier blanc s'est naturalisé en Égypte ; le Mûrier noir n'y est que cultivé, et encore assez rarement (Schw., *Flore*, nᵒˢ 983-984). Le *M. nigra* porte dans les *Scalæ* coptes le nom *Oumation* ou *Umation*, qui peut être un nom populaire grec. Le *M. alba* L. se nomme en copte *Ou-katmis*, mot qui paraît bien être d'origine égyptienne, et qui est du reste traduit par l'arabe *Tout masri*, « Mûrier égyptien », tandis que le Mûrier noir se nomme en arabe *Tout shâmi*, « Mûrier syrien ».

61. **Ficus Sycomorus** L.

Le Sycomore est l'un des arbres égyptiens dont il nous est parvenu le plus de fragments desséchés dans les tombes : fruits emplissant des corbeilles entières, branches et feuilles placées dans les sarcophages auprès des momies, bois entrant dans la confection des cercueils, des meubles, des statues, dès l'époque de l'Ancien Empire. Des figues de Sycomore sont souvent représentées sur les parois des hypogées, et une peinture de Saqqarah nous montre deux personnages grimpant dans les branches d'un Sycomore, en détachant les fruits et les jetant dans des corbeilles disposées sur le sol.

Le nom égyptien de cet arbre est *Nouhi*, mot qui revient très souvent dans les textes. Nous savons aussi que le Sycomore était considéré comme un arbre sacré dans un certain nombre de villes et qu'il était placé sous la protection d'Isis et d'Hathôr. En thérapeutique, ses fruits jouaient un rôle très important et sont mille fois mentionnés dans les papyrus médicaux. Le Sycomore était si commun en Égypte que son nom, *Nouhi*, servait à désigner la plupart des arbres nouvellement implantés sur les rives du Nil. Le Baumier s'appelait « Sycomore à encens » ; le Figuier, « Sycomore à figues » ; le Térébinthe, « Sycomore à résine », etc.

62. **Ficus carica** L.

La Figue ordinaire a été trouvée par Kunth et Schweinfurth dans des tombes égyptiennes. Son nom hiéroglyphique est *Dab*, et le nom de l'arbre est *Nouhi net dab*, « Sycomore à figues ». Une sépulture de Béni-Hassan nous offre un tableau sur lequel est figurée la cueillette des Figues. Un Figuier bas étale au loin ses branches couvertes de feuilles palmées-quinquélobées, dont la forme est bien franchement caractérisée par le peintre égyptien. Trois singes sont dans les branches, jetant d'une main des figues à des personnages qui en emplissent des paniers, et de l'autre dévorant des fruits et se payant ainsi eux-mêmes leurs services en nature. Les fruits et le latex du Figuier étaient souvent employés en médecine ; on fabriquait, au temps des Ramessides, une liqueur de figue, nommée dans les textes avec le vin, la grenadine et le sirop de Caroube.

La racine égyptienne qui a donné naissance au mot *Dab* signifie « envelopper, enfermer » ; il y a là une allusion à la forme de la Figue qui, on le sait, n'est pas un fruit proprement dit, mais un réceptacle développé dans l'intérieur duquel sont *renfermées* les fleurs d'abord, puis les graines ensuite. *Dab* ne désigne que la Figue, et ce mot ne s'est pas conservé en copte. Le Figuier, nommé le plus souvent « Sycomore à figues », porte, vers le déclin de la littérature égyptienne, un nom spécial,

Kouantà, qui s'est conservé dans le copte *Kenti*, seul nom du Figuier dans cette langue.

63. **Cannabis sativa** L.

Unger cite le Chanvre parmi les plantes égyptiennes, mais en s'appuyant uniquement sur ces deux arguments : 1° La déesse syénite Anouki a la tête ordinairement couverte d'une coiffure dans laquelle Birch voit une botte de tiges de Chanvre, et cette coiffure sert à déterminer le mot égyptien *Hemâ*, « lin »; 2° Polydamna, épouse de Thonos, offrit en Égypte, à Hélène, un breuvage qui faisait oublier les maux passés *(Odyssée*, IV, 229) et qui ne peut être autre chose que le *Hashish*, boisson faite avec les graines du Chanvre.

Que la boisson de Polydamna ait été le *Hashish*, c'est là une pure hypothèse impossible à discuter scientifiquement. Quant à la coiffure d'Anouki, elle représente non une botte de tiges, mais un faisceau de plumes liées par la base et s'évasant au sommet. D'ailleurs, cette coiffure fût-elle composée de tiges, je ne vois pas comment on pourrait y voir les tiges du Chanvre plutôt que celles de toute autre plante. Le déterminatif du mot *Hemâ* est effectivement une botte de tiges, mais *Hemâ*, — si ce mot est le nom d'une plante, ce que je ne crois pas, — ne pourrait désigner qu'une Graminée, d'après les peintures de Zaouïat-el-maïetin (L. D., II, 106-107), au-dessus desquelles il se trouve inscrit. Il me paraît d'ailleurs certain que *Hemâ*, dans ces scènes, désigne la partie du Froment qui reste en terre après qu'on l'a fauché à mi-hauteur, c'est-à-dire la moitié inférieure du chaume.

Enfin, Passalacqua, dans le catalogue des antiquités qu'il a découvertes en Égypte, cite, sous le n° 465, un peigne de bois, à manche, encore garni de filasse de Chanvre. Ce fait serait suffisant pour nous prouver que les anciens Égyptiens connaissaient le Chanvre; mais, malheureusement, Passalacqua n'est pas botaniste, et son témoignage en perd toute son importance. Du reste, cette filasse a été, dans la suite, soigneusement étudiée au microscope par Braun, Ascherson et Magnus, et il est résulté de ces recherches qu'elle appartient au Lin et non au Chanvre. La plus ancienne mention du Chanvre en Égypte est relativement récente: le mot *Pi- erbisi*, dans les *Scalæ* (Kir., 122), est rendu par le nom arabe du Chanvre. Mais il n'existe, que je sache, aucune matière textile pharaonique dont le nom présente quelque rapport avec *Erbisi*.

EUPHORBIACÉES

64. **Ricinus communis** L.

Des graines du *R. communis* ont été reconnues au Musée égyptien de Berlin, par Kunth, à celui de Vienne, par Unger, et à celui du Louvre par M. Bonastre. Schweinfurth en a également trouvé dans une tombe de Thèbes, mais leur antiquité lui paraît douteuse. On sait par les auteurs classiques que le Ricin croissait en Égypte, où on le cultive encore de nos jours. On en tirait une huile qui servait à l'éclairage dans les basses classes. Hérodote nous a transmis le nom égyptien de cette plante, *Kiki*. Je ne l'ai jamais, pour ma part, retrouvé dans les textes hiéroglyphiques. Unger donne la figure de quelques plantes, tirées de diverses tombes, qu'il croit être des Ricins. D'après la disposition et la forme des fruits, je crois plutôt que ce sont des Figuiers, dont les feuilles, dans un dessin un peu superficiel, peuvent facilement se confondre avec celles du Ricin.

Le nom égyptien du Ricin, découvert par M. E. Révillout grâce à l'étude de documents démotiques, est *Deqam*. Si le mot *Kiki* est égyptien, il ne peut donc désigner que les graines de la plante. L'huile de *Deqam* servait à l'éclairage et était employée comme purgatif. En copte, *Kiki* est le nom de la graine *(Habb-el-kharoua)*, et *Djismis* le nom de la plante *(Kharoua)*.

65. Euphorbia helioscopia L.

Des fruits de cette plante ont été reconnus par Unger dans
une brique de la pyramide de Dashour, nécropole de l'ancienne
Memphis. L'*E. helioscopia* est mentionné par Delile (n° 478) et
par Schweinfurth (n° 962) dans la flore de l'Égypte moderne.

66. Euphorbia ægyptiaca Boiss.

De cette espèce d'Euphorbe, également commune aujourd'hui
en Égypte, Fl. Petrie a trouvé des restes dans la nécropole
gréco-romaine de Hawara, au Fayoum.

67. Phyllanthus Niruri L.

Une brique provenant d'Eileithyia (El-Kab) renfermait, au
dire d'Unger, des fleurs mâles de cette plante, laquelle ne se
rencontre de nos jours que dans les Indes Orientales.

SANTALACÉES

68. Santalum album L.

M. de Verneuil a reconnu, dans la cavité abdominale d'une
momie, des fragments de bois de Santal mélangés à du natron
pulvérisé *(Cat. Passalacqua*, p. 286). C'est probablement par
l'intermédiaire des marchands arabes que les anciens Égyptiens
se procuraient ce bois, qu'on ne trouve que dans l'Asie
orientale, et qui porte en copte le nom de *Pi-sarakhos.*

LAURACÉES

69. Laurus nobilis L.

D'après W. Pleyte, les momies n°ˢ M. 46, 67 et 82 du Musée
de Leide portent des couronnes tressées en feuilles de Laurier;

ces momies datent de la basse époque. La nécropole gréco-romaine de Hawara a également fourni à Fl. Petrie des restes de couronnes que M. Newberry a reconnues être tressées avec les feuilles du *L. nobilis*. Le Laurier n'est pas un arbre égyptien, mais on le cultive abondamment en Égypte, et les *Scalæ* coptes portent toutes le mot *Ourita*, traduit par l'arabe *Zahr ghâr*, « fleur de Laurier ».

70. **Laurus Cassia** L.

Le bois du *L. Cassia* était très employé par les parfumeurs égyptiens. Il entrait dans la composition du parfum sacré appelé Kyphi. On le nommait *Bois* ou *Écorce* de *Qat*.

71. **Laurus Cinnamomum** ANDR.

Bois également employé en parfumerie. On le nommait *Tas* ou *Bois odorant*. Ces deux bois de Cannelle venaient probablement des Indes en passant par l'Arabie, comme la plupart des produits pharmaceutiques ou aromatiques en usage dans l'Égypte antique.

AMARANTACÉES

72. **Celosia argentea** L.

Cette plante est indiquée par Delile (n° 268) comme spontanée dans les environs du Caire. M. Flinders Petrie a découvert, dans la nécropole de Hawara, au Fayoum, des restes antiques du *C. argentea*. Pline vante l'Amarante d'Alexandrie (XXI, 23), mais il parle d'une espèce à fleurs pourprées, probablement le *C. cristata* L., encore cultivé dans les jardins d'Égypte.

POLYGONÉES

73. **Polygonum aviculare** L.

Des fragments de cette herbe, encore très commune en
Egypte, ont été reconnus par Unger dans une brique de Tell-el-
Yahoudi.

74. **Rumex dentatus** L.

Plante encore fréquente en Égypte. Des branches de *R. dentatus*, couvertes de fruits bien conservés, ont été reconnues par
Schweinfurth dans une tombe thébaine d'époque gréco-romaine.
Fl. Petrie a également trouvé des débris de cette plante dans la
nécropole de Hawara, qui date aussi de l'époque gréco-romaine.
Dans une tombe de Kahoun, — de beaucoup antérieure, puisqu'elle date de la XIIe dynastie, — le même explorateur anglais
a trouvé, mêlé avec d'autres graines à des grains d'Orge, un
fruit bien conservé du *R. dentatus*.

CHÉNOPODIACÉES

75. **Chenopodium hybridum** L.

Quelques graines de cette plante ont été trouvées par Unger
dans une brique de Tell-el-Yahoudi.

76. **Chenopodium murale** L.

Une brique de la pyramide de Dashour renfermait un certain
nombre de graines de cette plante, encore très commune en
Égypte (Delile, n° 287).

77. **Blitum virgatum** L.

Cette plante n'est pas indiquée dans les Flores modernes de
l'Égypte. Aussi, est-ce avec un certain doute qu'Unger rapporte
au *B. virgatum* une graine trouvée dans une brique de Ṭell-el-
Yahoudi.

78. **Atriplex hortensis** L.

On trouve dans quelques textes (Sallier IV, 5/3 ; Pap. méd.
de Berlin, 7/1 ; DE ROUGÉ, *Edfou*, 52/11), le nom *Ganoush*, qui
s'applique à une plante comestible et médicinale. Ce nom me
semble s'être conservé dans le mot copte *Pi-ghleh* (Kir., 256)
qui, traduit par l'arabe *al-qataf*, désigne l'Arroche des jardins,
plante encore cultivée de nos jours en Égypte. A moins que
l'égyptien *Ganoush* ne soit l'origine de l'arabe *Ganîsh*, nom du
Saccharum ægyptiacum WILLD.

LABIÉES

79. **Mentha piperita** L.

Dans une tombe ouverte en 1884 par Maspero, à Sheikh-abd-
el-gournah, se trouvait une guirlande composée en partie de
sommites de *M. piperita*, au sujet desquelles Schweinfurth
(*Ueber Pflanzenreste*, p. 367) donne des renseignements d'ana-
tomie botanique très détaillés. La Flore égyptienne de Delile
énumère quatre espèces de Menthe, mais le *M. piperita* ne s'y
trouve pas. La Menthe était fort employée en médecine et surtout dans la parfumerie. Son nom ancien était *Agaï* et quelquefois *Nakpata*, mais d'une manière abusive, car je crois que ce
dernier nom doit plutôt s'appliquer au Romarin. Les *Scalæ*
rendent ordinairement par Aneth le nom copte *Amisi*, qui
répond à l'ancien égyptien *Ammisi*. Mais il est d'autres *Scalæ*

(v. infrà n° 120) qui traduisent *Amisi* par Menthe. De sorte que
l'égyptien *Ammisi* peut être un des noms de la Menthe.

80. **Salvia ægyptiaca** L.

Quelques fragments de graines de cette plante ont été reconnus par Unger dans une brique d'El-Kab. Il attribue ces restes
au *S. spinosa* L., mais *S. spinosa* et *S. ægyptiaca* semblent
bien deux noms donnés à tort par Linné à une seule et même
plante. Plusieurs espèces de Sauge croissent encore en abondance
dans le Delta (Schw., n°ˢ 823-826). La Sauge était également
connue des anciens Égyptiens. Apulée lui donne le nom égyptien
de *Anusi;* Dioscoride, d'après l'édition Sprengel, orthographie
ce nom ἀπουσι. Cette dernière orthographe est fautive, car les
traducteurs arabes de Dioscoride donnent *Anousi* (Kir., *Ling.
ægypt. restit.*, p. 603). Les traités de médecine égyptiens mentionnent souvent une plante *Anousi*, qui ne peut être que la
Sauge.

81. **Rosmarinus officinalis** L.

Le Romarin croît encore aux bords du Nil. Le seul spécimen
antique que j'en connaisse a été découvert par Prosper Alpin et
est ainsi décrit par lui : « Nos intra quoddam medicatum cadaver
invenimus scarabæum magnum ex lapide marmoreo efforma-
tum, quod intra pectus cum libanotidis coronarii ramis colli-
gatum, fuerat repositum. Incredibile dictu, rami rosmarini, qui
una cum idolo inventi fuerunt, folia usque adeo viridia, et recen-
tia visa fuerunt, ut ea die a planta decerpti, et positi apparue-
rint. » *(Hist. nat. Ægypt.*, I, 36.) Prosper Alpin, qui vivait au
xvɪᵉ siècle, était un médecin et un botaniste distingué. On peut
donc se fier à sa détermination. Tout au plus pourrait-on se
demander, à cause de son expression *folia viridia*, s'il n'a pas
été trompé par des Arabes en bonne humeur.

82. **Teucrium Polium** L.

On rencontre, dans un texte égyptien, un nom de plante, *Our-it*, qui a été assimilé au copte *Ourt* et à l'arabe *Ouard*, mots qui tous deux désignent la Rose. Cette identification est philologiquement impossible, la désinence *it* du féminin ayant disparu de bonne heure en égyptien et n'étant jamais reproduite en copte. Le mot *Our-it* ne peut répondre qu'au copte *Oulaï*, mot qui se trouve dans toute les *Scalæ* et est traduit par le nom arabe de la Germandrée, *T. Polium*, plante encore réquente de nos jours dans le Delta.

83. **Origanum Majorana** L.

Dioscoride nous apprend que la Marjolaine croissait en Égypte et qu'elle y portait le nom de σορό; dans les *Scalæ*, cette plante est nommée *Krimbon* ou *Thrimbón*. M. Maspero a pensé en retrouver le nom arabe *Zaatar* dans l'égyptien *Djaàtà*, mot dont on ne connaît qu'un seul exemple. Fl. Petrie a découvert des restes antiques de cette plante, encore cultivée aujourd'hui en Égypte, dans la nécropole gréco-romaine de Hawara.

CONVOLVULACÉES

84. **Convolvulus scoparius** L.

Cette plante, répondant à l'ἀσπάλαθος des Grecs, portait en ancien égyptien les noms de *Djâbi* et de *Djalmâ*. On la trouve mentionnée dans la plupart des recettes de parfumerie égyptiennes que nous connaissons, entre autres dans celle du Kyphi. L'Égypte moderne possède dix espèces de *Convolvulus*, mais le *C. scoparius* en a disparu, — s'il y a jamais poussé.

85. **Convolvulus Hystrix** Vahl.

Cette plante, mentionnée dans les Flores de l'Égypte moderne, a été trouvée par Fl. Petrie dans ses fouilles de Hawara.

86. **Convolvulus spinosus** Burm.

Les mêmes fouilles ont amené la découverte de l'espèce *C. spinosus*, que je ne trouve, — du moins sous cette dénomination, — dans aucune Flore égyptienne.

87. **Cressa cretica** L.

Cette plante, très commune de nos jours en Égypte, a été retrouvée dans la nécropole gréco-romaine de Hawara.

88. **Cuscuta arabica** L.

Cette petite plante parasite, que l'on rencontre encore par toute l'Égypte, a été reconnue par Newberry dans les végétaux apportés par Fl. Petrie de la nécropole de Hawara.

SOLANACÉES

89. **Solanum Dulcamara** L.

La Vigne de Judée a été retrouvée par Fl. Petrie dans ses fouilles de Hawara. On ne la trouve pas mentionnée dans les Flores de l'Égypte moderne.

BORRAGINÉES

90. **Heliotropium nubicum** L.

Cette espèce n'appartient pas à la Flore moderne de l'Égypte. Elle a été rencontrée dans la nécropole de Hawara.

SÉSAMÉES

91. Sesamum indicum DC.

On n'a jamais trouvé dans les tombes de restes antiques du
Sésame. Des capsules de cette plante, trouvées dans une tombe de
Thèbes par Schiaparelli, ont été soigneusement étudiées par
Schweinfurth, qui n'ose pas trop leur attribuer une origine
pharaonique. A. de Candolle, en effet, dans son *Origine des
plantes cultivées*, croit que le Sésame n'a été introduit en
Égypte qu'à l'époque de la conquête grecque. Unger a rangé le
Sésame au nombre des plantes antiques de l'Égypte, d'après
une peinture de la tombe de Ramsès III, qui nous montre des
boulangers mêlant à la pâte des grains aromatiques. Mais,
comme le fait judicieusement observer A. de Candolle, ces
grains ne sont pas nécessairement du Sésame, ils peuvent être
du Carvi, de l'Anis, du Cumin, etc. Pourtant un fait philologique assez frappant semblerait prouver que le Sésame était
connu des Égyptiens de l'époque pharaonique. Le nom arabe du
Sésame est *Semsem :* or, une plante dont les grains se mangeaient se nomme en hiéroglyphes *Shemshem.* D'autre part, le
Sésame a un nom copte *Oke,* qui présente l'aspect d'une origine
égyptienne, aspect d'autant plus évident qu'il existe dans les
textes hiéroglyphiques une plante *Ake,* non encore identifiée,
dont on tirait de l'huile, et dont les graines étaient utilisées en
médecine. *Ake* pourrait être le nom égyptien du *S. indicum*, et
Shemshem, son nom sémitique égyptianisé. Le problème est
assez intéressant pour que je puisse consacrer prochainement
une étude spéciale à la détermination de ces deux noms égyptiens de plantes.

ASCLÉPIADACÉES

92. **Asclepias procera** WILLD.

P. Ascherson a retrouvé, dans une tombe égyptienne de
l'Oasis de Dakhléh, des branches de cet arbrisseau (A. BRAUN,
Die Pflanzenreste, p. 24 [310]). Le Musée de Florence renferme, sous le n° 3626, du duvet et des graines du même
végétal. On le rencontre encore fréquemment en Égypte et le
duvet qui enveloppe ses graines sert à rembourrer les coussins.
Cette plante devait être utilisée par les anciens Égyptiens, car
son nom copte *Pi-lam*, que l'on rencontre dans toutes les *Scalæ*,
dérive bien certainement d'un mot hiéroglyphique.

JASMINÉES

93. **Jasminum Sambac** L.

Une guirlande trouvée dans la cachette de momies royales de
Deir-el-Bahari, découverte en 1891 par Maspero, est formée de
fleurs de Jasmin. Pourtant Schweinfurth, n'ayant pu observer
la guirlande de près, ne donne cette détermination spécifique
que sous toute réserve. Le *J. Sambac* est très cultivé de nos
jours en Égypte pour ses fleurs odorantes. Newberry a reconnu
la même plante parmi les restes végétaux rapportés de Hawara
par Fl. Petrie. Le nom copte de la fleur du Jasmin est *Asmi*,
mot dont l'apparence égyptienne semble bien indiquer que la
plante était connue des Égyptiens de l'époque pharaonique.

OLÉACÉES

94. **Olea europæa** L.

Des couronnes d'Olivier ont été très souvent trouvées sur la tête de momies. On a remarqué toutefois que ces momies ne sont jamais antérieures à la XXe dynastie. D'autre part, Pleyte croit que l'Olivier n'a été introduit en Égypte qu'à partir des grandes conquêtes égyptiennes en Asie, sous la XVIIIe dynastie. En fait, le nom égyptien de l'Olivier, *Djadi*, fort rare dans les textes, ne se trouve, à ma connaissance, pour la première fois qu'à l'époque des Ramessides. Mais l'Olivier a dû s'acclimater facilement en Égypte, car Theophraste *(Hist. plant.*, 10, 2, 8) nous apprend qu'il en existait une forêt entière dans les environs de Thèbes. On doit remarquer, en outre, que jamais les tombes de la XIIe dynastie n'ont fourni de branches ni de fruits d'Olivier.

Le mot *Baq*, que l'on considère comme le nom de l'Olivier, est fréquent dès les temps contemporains des pyramides, mais j'ai démontré dans un mémoire spécial que *Baq* est le nom du *Moringa* et non celui de l'Olivier. Les textes dans lesquels se trouve le mot *Djadi* nous montrent qu'on faisait en Égypte une grande consommation d'olives, comme fruits comestibles, et surtout pour en extraire de l'huile à l'usage des lampes allumées dans les temples. Nous savons que les simples particuliers n'alimentaient leurs lampes qu'avec l'huile du Sésame ou du Ricin.

95. **Olea nubica** SCHW.

L'Olivier ne s'est ordinairement rencontré dans les tombes égyptiennes que sous forme de couronnes. Pourtant, la découverte d'une tombe intacte de Drah-abou'l-neggah a permis à M. E. Schiaparelli de communiquer à Schweinfurth un grand nombre de noyaux d'olives provenant d'offrandes desséchées. « Les noyaux d'olives » — écrit Schweinfurth *(Les dernières découvertes*, p. 43) — « apparaissent ici sous deux formes qui « nous laissent apercevoir deux variétés distinctes, les uns étant « aigus de deux côtés ou un peu rétrécis à l'instar d'un fuseau, « les autres de forme oblongue et tronquée. » Or, parmi les végétaux rapportés de Hawara par Fl. Petrie, Newberry a reconnu deux variétés d'Olivier, l'*Olea europæa* L. et l'*Olea europæa* L. var. *nubica* Schw. Il est fort vraisemblable que les deux formes de noyaux observées par Schweinfurth correspondent aux deux variétés d'Olivier distinguées par le botaniste anglais. Enfin, une troisième variété a été distinguée par Migliarini, qui, dans son catalogue du Musée égyptien de Florence (p. 72, n°˙ 2465-2466), attribue certaines feuilles de guirlandes funéraires à l'*O. europæa*, et d'autres à l'*O. Oleaster* L. Ce peut être à cet Olivier sauvage que Théophraste fait allusion à propos de la forêt du nome thébain dont nous avons parlé plus haut.

ÉBÉNACÉES

96. **Dalbergia melanoxylon** G. P. R.

Dès l'époque des pyramides, nous voyons le bois d'ébène employé par les sculpteurs et les ébénistes égyptiens. On en faisait des statues funèbres, des lits ; plus tard on en fit des palettes pour les scribes. Sous la XIIe dynastie, l'ébène était d'un usage très répandu en Égypte. Il est probable que, sous l'Ancien Empire, l'Ébénier croissait naturellement en Égypte. Mais, sous la XVIIIe dynastie, on fut forcé de le faire venir du dehors. La reine Hatasou s'en procure au pays des Sômalis, les princes éthiopiens contemporains des Aménophis en expédient régulièrement de leur pays.

Tous nos musées égyptiens d'Europe renferment des objets d'ébène, chaises, coffres, statues, cannes, palettes, cuillers, manches de miroirs, etc. En médecine, la sciure d'ébène était recommandée pour les maux d'yeux, et cet emploi se retrouve dans Théophraste, Dioscoride et Pline.

Le nom hiéroglyphique du *D. melanoxylon* est *Habni*, mot qui s'est conservé intact en hébreu, et, passant par ἔϐενος et *ebenus*, a donné naissance à notre mot ébène, qui peut ainsi faire remonter son origine au temps des pyramides. La forme

primitive du mot *Habni* est *Hab*, dont je connais trois exemples (Ti, n° 134 ; Anast. I, 12, 6 ; *Zeitschr.*, XXIX, 28) ; cette
racine signifie « être aigu, pointu », et fait allusion aux épines de
l'Ébénier.

MYRSINÉES

97. Myrsine africana L.

M. Bonastre, qui a fourni à Champollion, pour la rédaction
de son catalogue du Musée égyptien du Louvre, les identifications des végétaux exposés dans une vitrine de la Salle civile, a
reconnu dans un de ces végétaux des restes du *M. africana*
(CHAMP., *Not. descr. des mon. égypt. du Musée Charles X*,
p. 97). Comme cette plante ne se rencontre guère qu'au Cap et
qu'aucun autre botaniste ne l'a jamais retrouvée dans des tombes égyptiennes, il est probable que l'identification de M. Bonastre
demande à être soigneusement vérifiée avant de pouvoir être
considérée comme acquise à la science.

SAPOTÉES

98. Mimusops Shimperi HOCHST.

Ceux qui se sont occupés les premiers de l'identification des
plantes pharaoniques, — Kunth en 1826 pour la collection
Passalacqua, Bonastre en 1827 pour le Musée du Louvre, et
Migliarini en 1859 pour le Musée de Florence, — avaient rapporté au *Mimusops Elengi* L. certains fruits trouvés dans des
tombes égyptiennes. Plus tard, Braun, en 1877, étudiant les
plantes du Musée de Berlin, objecta que le *M. Elengi* est une
plante de l'Inde et, observant de plus près les spécimens antiques, les rapporta au *M. Kummel* HOCHST., plante abyssinienne
dont le fruit, de la forme et de la couleur d'un fruit d'Églantier,
est assez agréable à manger à cause de son goût de miel, et dont

le noyau, relativement volumineux, contient une amande à saveur amère. Ascherson, reconnaissant pourtant que le *M. Elengi*, tout en étant originaire de l'Inde, pouvait s'acclimater en Égypte, puisqu'on le cultive aujourd'hui par curiosité dans les jardins de l'île de Rodah, voisine du Caire, attribua néanmoins au *M. Kummel* quelques branches feuillues du Musée de Leide, qui avaient servi de couronnes à des momies d'époque gréco-romaine. Enfin, Schweinfurth, d'après plusieurs spécimens provenant des tombes découvertes par Maspero et Schiaparelli, affirma que, à cause de leur forme et de leur grosseur, les fruits du *Mimusops* pharaonique devaient être rapportés, non au *M. Kummel*, mais au *M. Shimperi* Hochst., plante qui croît naturellement en Abyssinie et dans les régions voisines. M. Pleyte, dans son étude sur la *Couronne de la justification*, maintient l'existence de ces deux dernières espèces, en déclarant que les feuilles attribuées par Ascherson au *M. Kummel* sont plus épaisses que celles que Schweinfurth considère comme des feuilles de *M. Shimperi*.

Quoi qu'il en soit, il est certain qu'une espèce de *Mimusops*, — deux même peut-être, — a été cultivée par les anciens Égyptiens. Des branches de cet arbre, on tressait des couronnes à l'époque saïte et sous la domination gréco-romaine. Des fruits de *Mimusops* ont souvent été découverts dans les tombes, parmi les offrandes funéraires. Schweinfurth en a reconnu parmi des fruits découverts par Mariette dans une tombe de Drah-abou'l-neggah, que l'on croit être de la XIIe dynastie. Cette date est douteuse, mais ce qui vient confirmer l'existence du *Mimusops* en Égypte sous les Ousourtesen est que Fl. Petrie en a découvert en abondance des fruits dans la nécropole de Kahoun, qui est bien certainement de la XIIe dynastie.

Schweinfurth suppose que le *M. Shimperi* est le *Persea* des anciens, sur lequel on a tant écrit et que Delile, en dernier lieu, avait rapporté au *Balanites ægyptiaca* Del. On pourrait objecter à cette identification ce fait que, si le *Persea* a été introduit de Perse en Égypte par Cambyse, comme l'affirme Diodore, et si le *Persea* est réellement un *Mimusops*, comme le pense Schweinfurth, l'espèce pharaonique serait le *M. Elengi* qui, originaire de l'Inde, a pu passer par la Perse, et non le *M. Kummel* ou le *M. Shimperi*, qui appartiennent à la flore de l'Afrique australe. D'ailleurs, le *Mimusops* était connu en Égypte vers la XIIe dynastie, bien avant Cambyse. Il faudrait, pour l'identifier avec le *Persea*, démontrer d'abord que l'affirmation de Diodore est erronée.

STYRACÉES

99. **Styrax officinale** L.

Cette plante, d'origine syrienne, a dû être connue de bonne heure des Égyptiens. Les *Scalæ* coptes portent le mot *Aminakou*, traduit par « Styrax ». Or, un arbre *Minaqou* existe en ancien égyptien, ainsi qu'un aromate *Minaqi*, qui ne peut guère être que la résine odorante du *L. officinale*.

100. **Styrax Benzoin** Dry.

Fl. Petrie a trouvé de la résine de Benjoin dans la nécropole gréco-romaine de Hawara, au Fayoum (cf. *Pharmaceutical Journal*, vol. XIX, pp. 387, 399). L'arbre qui produit le Benjoin est originaire de l'Asie orientale, mais il est possible que les Égyptiens en aient connu la résine dès l'époque pharaonique, par l'intermédiaire des marchands chaldéens, arabes et phéniciens qui leur fournissaient un certain nombre d'aromates de l'extrême Orient.

CORDIACÉES

101. **Cordia Myxa** L.

Des fruits de cet arbre, très commun de nos jours en Égypte, ont été reconnus au milieu de végétaux de provenance égyptienne

exposés aux Musées égyptiens de Florence, de Vienne et de
Berlin. Fl. Petrie en a découvert dans la nécropole gréco-
romaine de Hawara, au Fayoum. J'ai pensé un moment que cet
arbre était l'*Ashed* hiéroglyphique, que M. Maspero vient récemment de rapporter au *Balanites ægyptiaca* Del..

COMPOSÉES

102. **Sphæranthus suaveolens** DC.

Quelques capitules de cette plante ont été trouvés dans une
tombe de Drah-abou'l-neggah, et déterminés par Schweinfurth.
Cette plante existe encore en Basse-Égypte.

103. **Chrysanthemum coronarium** L.

Cette plante est spontanée dans les environs d'Alexandrie, et
était cultivée autrefois dans les jardins de la Thébaïde. A partir
de la XXᵉ dynastie, on en formait des guirlandes dont on ornait
les momies. Schweinfurth et Fl. Petrie en ont découvert plusieurs spécimens dans les tombes égyptiennes ; il en existe également au Musée de Leide. Le nom égyptien du Chrysanthème,
d'après un papyrus démotique à transcriptions grecques, était
Noufir-han, autrement dit *Ta-hourr-it noub*, « la fleur d'or »
(H. Brugsch, *Die Ægyptologie*, p. 393).

104. **Chrysanthemum segetum** L.

De fragments de cette plante ont été reconnus par Unger dans
une brique de la pyramide de Dashour, située sur les ruines de
l'ancienne Memphis et datant des premières dynasties. Cette
plante n'est pas citée dans la Flore égyptienne de Delile ni dans
celle de Schweinfurth. Il est donc possible qu'il y ait erreur
d'identification de la part d'Unger et que l'espèce étudiée par lui
soit le *C. coronarium*.

105. **Matricaria Chamomilla** L.

Le Papyrus gnostique de Leide, qui date des premiers temps de notre ère, porte comme traduction démotique du grec χαμεμελον (pour χαμαίμηλον), le mot égyptien *Tehau-âb* (verso, 2). La Camomille croît encore de nos jours en Égypte. Elle est mentionnée dans les *Scalæ*, sous le nom copte *Anthémis*, traduit par l'arabe *Bâboûnag*. Schweinfurth, qui ne donne pas le nom arabe de la Camomille, attribue le mot *Bâboûnag* à l'*Achillea fragrantissima* Forsk., mais c'est là une acception populaire, car les écrivains arabes emploient toujours *Bâboûnag* dans le sens de Camomille.

106. **Centaurea depressa** Bieb.

La momie de la princesse Nesi–Khonsou portait, entre autres guirlandes, une guirlande composée de feuilles de Mimusops et de fleurs de *C. depressa* dont l'identité spécifique, d'après Schweinfurth, est absolument hors de doute par suite de certaines dispositions de l'androcée, qui distinguent cette espèce de tous les autres *Centaurea* connus. Le *C. depressa* est une plante asiatique que Delile n'a pas trouvée en Égypte, où croissent pourtant quatorze espèces de Centaurée. Newberry a également reconnu, parmi les plantes apportées de Hawara par Fl. Petrie, des restes du *C. depressa*.

107. **Centaurea nigra** L.

Cette espèce n'existe pas en Égypte. Aussi est–ce avec doute que M. W. Pleyte rapporte au *C. nigra* certaines fleurs du Musée de Leide *(Bloemen en planten*, p. 11). Il est probable qu'il s'agit du *C. depressa*, déjà reconnu dans les tombes par Schweinfurth et Newberry.

108. **Carthamus tinctorius** L.

La momie d'Aménophis I, pharaon de la XVIIIe dynastie, portait sur la poitrine une guirlande formée de feuilles de Saule entre chacune desquelles était disposée une fleur de Carthame. Une autre momie, découverte par Schiaparelli à Drah-abou'l-neggah, était décorée d'une guirlande semblable. Une guirlande du Musée de Leide porte également des fleurs de *C. tinctorius*.

D'autre part, on a reconnu par des analyses chimiques que toutes les étoffes rouges trouvées dans les tombes égyptiennes étaient tientes au Carthame.

Il est donc bien établi que les anciens Égyptiens connaissaient le *C. tinctorius*. Or, il existe dans les textes hiéroglyphiques une plante, nommée *Nasi* ou *Nasti* (Br. et D., *Rec.*, IV, 90), dont une partie de la fleur servait à teindre en rouge. Cette plante ne me paraît pouvoir être que le Carthame. La culture de cette matière tinctoriale serait très ancienne en Égypte, car le même nom, orthographié *Nas*, se retrouve dans une inscription de la pyramide du roi Téti (col 336), qui vivait à la VIe dynastie. Les textes ne font pas mention de l'huile de Carthame, dont Pline nous apprend que les Égyptiens faisaient un très grand usage.

109. **Gnaphalium luteo-album** L.

Des restes de cette plante ont été reconnus par M. Newberry au nombre des végétaux apportés par Fl. Petrie de ses fouilles dans la nécropole gréco-romaine de Hawara, au Fayoum. Cette espèce appartient encore à la flore spontanée de l'Égypte.

110. **Picris coronopifolia** D. C.

Syn. *P. radicata* Less. Quelques-unes des guirlandes qui recouvraient le corps de la princesse Nesi-Khonsou (XXIIe dynastie) étaient formées de fleurs de cette plante. Delile, qui, il est vrai, n'a guère exploré que le Delta, ne la mentionne pas dans sa Flore égyptienne ; mais Schweinfurth assure qu'elle croît en Haute-Égypte et qu'elle fleurit en mars et avril. C'est ici le cas de faire remarquer combien ces recherches sur la Flore égyptienne peuvent rendre de services, même — ce à quoi on s'attendrait peu — aux études historiques. Si, en effet, on connaissait exactement l'époque de floraison de toutes les plantes renfermées dans un même cercueil, il serait facile de déterminer le mois de l'année pendant lequel eut lieu l'enterrement. Quelquefois, les cercueils portent la mention du mois égyptien qui vit s'accomplir l'inhumation. On pourrait ainsi établir une concordance exacte entre les saisons anciennes et les nôtres à une époque bien précise. C'est en se plaçant sur un terrain à peu près semblable, l'époque des récoltes, que Lieblein a pu fixer, à quelques années près, certaines dates de la XVIIIe dynastie.

111. Conyza Dioscoridis L.

Cette espèce, encore commune de nos jours en Égypte, a été trouvée par Fl. Petrie dans la nécropole de Hawara, au Fayoum.

112. Erigeron ægyptiacus L.

La plante décrite par les Grecs sous le nom de κόνυζα a été unanimement identifiée par les botanistes avec le genre *Erigeron*. Or, la plante κόνυζα croissait en Égypte. Horapollon *(Hierogl.,* II, 79) écrit : « Lorsqu'ils veulent exprimer *un homme qui détruit les moutons et les chèvres,* les Égyptiens tracent l'image de ces animaux représentés en train de manger du κόνυζα ; la raison en est que, lorsque ces animaux mangent du κόνυζα, ils ne tardent pas à mourir de soif. » Le κόνυζα étant l'*Erigeron,* le *Conyza* égyptien ne peut guère être que l'*Erigeron ægyptiacus,* la seule espèce qui soit abondante en Égypte. Dioscoride nous apprend que les Égyptiens donnaient au κόνυζα le nom de κέτι. D'autre part, le *Conyza*, connu en hébreu sous le nom de *Sarpad*, est mentionné dans Isaïe (LV, 13), dont la version copte rend tantôt ce mot par *Koniza*, tantôt par *Nounkie, Eng, Enouk (Rec.*, VII, 25). Or, une plante égyptienne fréquemment mentionnée dans les papyrus médicaux porte le nom d'*Ank* ou *Annouk*. Je crois hors de doute que ce mot réponde à *Eng, Enouk* et désigne par conséquent l'*E. ægyptiacus*. La chose me semble d'autant plus probable qu'un texte de Philé mentionne, en même temps que l'*Ank*, une plante *Kéti* qui rappelle singulièrement le nom κέτι que, d'après Dioscoride, les Égyptiens donnaient au *Conyza*. Le mot *Ank* étant le nom égyptien de l'*E. ægyptiacus*, *Kéti* désignerait l'espèce voisine, *Conyza Dioscoridis*, retrouvée au Fayoum par Fl. Petrie. On doit pourtant tenir compte de ce fait, que *Ank* et *Kéti* sont mentionnés dans une liste de plantes comestibles et qu'il existe en copte un autre mot *Nounk (Msc. par.* XLIV, 338), traduit en arabe par *Sa'abar* (nom inconnu à corriger en *Sa'atar*, désignation du Thym), qui pourrait également dériver de *Ank* ou *Annouk*. On doit remarquer en outre que, dans les *Scalæ*, le grec coptisé *Pi-koniza* est traduit par le nom arabe, *Soukrân*, d'une espèce de Jusquiame.

113. **Lactuca sativa** L.

Unger a pris pour des représentations de l'Artichaut certaines plantes figurées dans la plupart des tombes, au milieu des offrandes funèbres. D'autres les ont prises pour des pommes de Pin. J'ai relevé soigneusement sur place un certain nombre de ces dessins et, à coup sûr, ils ne peuvent représenter ni l'Artichaut, ni la pomme du Pin. La plante, en effet, a à peu près la forme d'une laitue allongée en pointe, aux feuilles sinuées et longuement lancéolées surmontant une tige coupée courte, qui porte les cicatrices annulaires et parallèles des feuilles tombées de la base. Ces feuilles sont toujours peintes en un vert tirant sur le bleu. Je crois que ce devait être une plante à manger en salade.

M. Schweinfurth, à qui j'avais communiqué ces détails, a partagé mon avis et estime qu'en effet ces représentations ne peuvent se rapporter qu'à la Laitue. La chose est d'autant plus probable que la Laitue est très généralement cultivée en Égypte, que Braun en a trouvé des graines antiques en étudiant les végétaux pharaoniques du Musée de Berlin *(Die Pflanzenreste*, p. 290), et qu'enfin elle porte en copte un nom, *Pi-ôb*, pour la forme hiéroglyphique duquel on a le choix entre la plante *Abou* et la plante *Afa*, toutes deux nommées dans les papyrus médicaux, et la dernière rangée, avec *Ank* et *Kéti* mentionnés plus haut (n° 112), au nombre des plantes comestibles.

114. **Ceruana pratensis** Forsk.

Il existe, au Bristish Museum et au Musée de Boulaq, deux balais formés de tiges de cette plante. Encore de nos jours le *C. pratensis* sert en Égypte au même usage. Des capitules de la même espèce se trouvaient dans une tombe égyptienne de Gébéleïn.

HÉDÉRACÉES

115. **Hedera Helyx** L.

Le Lierre est cultivé, et non spontané, dans l'Égypte moderne. Fl. Petrie l'a retrouvé parmi les plantes provenant de la nécropole gréco-romaine de Hawara, au Fayoum. Dioscoride n'en donne pas le nom égyptien, mais Plutarque écrit : « Cette plante (le Lierre) se nomme en égyptien χενόσιρις, mot dont le sens est *Plante d'Osiris* (De Isid. et Osir., 37) ». *Khi-n-ousiri* signifie en effet, en ancien égyptien, « *arbre d'Osiris* ». Je n'ai pas rencontré le nom copte du Lierre dans les *Scalæ*, mais les bas-reliefs pharaoniques nous montrent souvent des musiciennes ou des danseuses ornées de longues tiges à feuilles anguleuses qui

ne peuvent être que des tiges de Lierre ou de quelque espèce de
Convolvulus.

RUBIACÉES

116. **Galium tricorne** With.

Cette plante, très fréquente aujourd'hui en Égypte, a été
reconnue par Newberry parmi les végétaux rapportés par
Fl. Petrie de ses fouilles dans la nécropole gréco-romaine de
Hawara.

OMBELLIFÈRES

117. **Apium graveolens** L.

La momie de Kent, trouvée à Sheikh-abd-el-gournah, sur les
ruines de l'ancienne Thèbes, portait au cou une guirlande composée de rameaux de Céleri et de pétales de Lotus bleu. Schweinfurth compare la coutume égyptienne de ranger le Céleri au
nombres des plantes funéraires à une coutume gréco-romaine
analogue, qui a donné naissance à l'expression σελίνου δεῖται,
signifiant « il est à la mort ». Des graines de cette plante, découvertes dans une tombe égyptienne, se trouvent exposées au Musée
de Florence (n° 3628).

118. **Torilis infesta** L.

Cette plante, que Schweinfurth a remarquée dans les environs
d'Alexandrie, fait partie des végétaux rapportés par Fl. Petrie
de ses fouilles à Hawara.

119. **Bupleurum aristatum** Bartl.

Des fruits de cette plante, qui n'est pas mentionnée dans la
Flore égyptienne de Delile, ont été reconnus par Unger dans une
brique de la pyramide funéraire de Dashour. Il est donc certain

qu'elle croissait en Égypte dès la plus haute antiquité, à moins, ce qui est plus probable, que les restes antiques n'appartiennent à l'une des trois espèces de *Bupleurum* indiquées dans la Flore égyptienne de Schweinfurth (n°ˢ 459-461).

120. **Anethum graveolens** L.

L'Aneth croît aujourd'hui en Égypte. Il y croissait également autrefois, car son nom, *Ammisi*, s'est retrouvé dans les textes hiéroglyphiques. On le trouve, en effet, dans le Papyrus médical Ebers, recommandé pour « guérir les maux de tête » et « amollir les vaisseaux du bras ». Au Papyrus médical de Berlin (xv, 10), les graines de la même plante sont employées pour certaines maladies des vaisseaux de la jambe. On doit pourtant remarquer que si, dans quelques *Scalæ* coptes, les mots *Amisi*, *Emisé*, *Misé*, qui répondent à l'égyptien *Ammisi*, sont rendus par ἄνηθον, arabe *Shebet*, de même que dans la Bible, il est d'autres *Scalæ* (Kir., 334) qui rendent les mots coptes par *Nana*, nom arabe de la Menthe.

121. **Anethum Fœniculum** L.

Le copte *Shamar hoòut*, dans la *Scala* n° xLIV de la Bibliothèque nationale, est rendu par l'arabe *Shamâr berri*, qui veut dire « Fenouil sauvage ». Or, une plante *Shamari hoout* est mentionnée dans le Papyrus gnostique de Leide (verso, 4), ce qui nous prouve que le Fenouil était connu des anciens Égyptiens, qui lui donnaient le nom qu'il a conservé en arabe. Dans d'autres *Scalæ*, on trouve pour le Fenouil les noms coptes *Pi-anéoumor* et *Pi-ousabin*. Le nom *Malatron*, emprunté au grec μάραθρον, y désigne le Fenouil sauvage. Un mot *Shamârn*, que l'on rencontre une seule fois en égyptien (Gr. Pap. Harris, XIX, 12), est peut-être synonyme de *Shamari*. Enfin, le Papyrus Ebers, le Papyrus médical de Berlin et quelques autres textes mentionnent une plante *Besbes*, dont le nom paraît s'être conservé dans l'arabe *Bisbâs*, qui est une des désignations du Fenouil.

122. **Coriandrum sativum** L.

Delile, Forskal et Schweinfurth placent la Coriandre au nombre des plantes de l'Égypte moderne. Dioscoride et Pline la rangent parmi les plantes anciennes. Enfin, on peut voir, au Musée égyptien de Leide, deux paquets de graines de Coriandre provenant de tombes égyptiennes. Plus récemment encore, Schweinfurth en a trouvé des fragments dans un hypogée de Thèbes remontant à la XXIIe dynastie, situé à Deir–el–Bahari. De plus, Fl. Petrie en a également rapporté de ces feuilles dans la nécropole gréco-romaine de Hawara, au Fayoum.

Le nom hiéroglyphique du *C. sativum* est *Ounshi* ou *Oun-shdou*, mots conservés dans le copte *Bershiou, Bereshou*. Cette plante est très fréquemment nommée dans les Papyrus médicaux. Certains textes nous apprennent qu'on se servait de graines de Coriandre pour rendre le vin plus enivrant. Enfin, il est fait plusieurs fois mention de Coriandre asiatique.

123. **Cuminum Cyminum** L.

Il existe au Musée de Florence (n° 3628), un certain nombre de graines de Cumin trouvées dans une tombe égyptienne. La plante se trouve encore aujourd'hui en Égypte. Son nom copte, *Tapen* ou *Thapen*, dérive de l'ancien égyptien *Tapnen*, mot qui se rencontre très souvent dans les Papyrus médicaux. Les Égyptiens ont également donné au Cumin le nom de *Qamnini*, emprunté aux langues sémitiques, hébreu *Kammon*, arabe *Kammoûn*.

PORTULACÉES

124. **Portulaca oleracea** L.

Le *P. oleracea* est mentionné par Forskal (n° 249), par Delile (n° 458) et par Schweinfurth (n° 183), au nombre des plantes de l'Égypte moderne. Son nom arabe est *Riglah*. Or, les lexiques coptico-arabes renferment un mot *Mehmouhi* traduit en arabe par *Riglah*, et en grec par ἀνδράχνη ; c'est donc bien le nom du Pourpier. L'équivalent du mot copte a été retrouvé, par M. Maspero, dans un texte de l'ancienne Égypte, sous la forme *Makhmakhaï;* d'où nous pouvons conclure que le *P. oleracea* croissait déjà sous les pharaons aux bords du Nil. Apulée, dans son traité *De herbarum virtutibus*, cap. 104, donne comme nom égyptien du Pourpier le mot *Mothmutim*, dans lequel on peut reconnaître des traces de l'original hiéroglyphique

CUCURBITACÉES

125. **Citrullus vulgaris** SCHRAD.

Dans le cercueil du prêtre Nebseni, découvert en 1881 à Deir-el-Bahari, se trouvaient des feuilles du *C. vulgaris* SCHRAD., var. *colocynthoides* SCHWF. Dans une tombe ouverte postérieurement se trouvaient des graines de la même plante. Le Musée égyptien de Berlin possède également quelques graines du *C. vulgaris*. Le nom arabe de là Pastèque est *Battikh*, mot que l'on retrouve en hébreu sous la forme plurielle *Abattikhim*. Le copte *Pi-betuke, Pi-betikhe*, est bien évidemment de la même famille. Enfin, le nom de plante pharaonique *Bettou-ka* paraît bien être la forme antique du copte *Betuke*. Bien que les Septante traduisent le mot hébreu par πέπων, il est certain qu'il s'agit non du Melon, mais du Melon d'eau ou Pastèque. La version copte rend du reste ce mot par *Pi-pelepepón*, mot que l'on retrouve dans les *Scalæ* sous les deux formes *Pi-pelpepen-n-houf*, « Pastèque jaune », et *Pi-pelpepen-m-milon*, « Pastèque verte ». Mais, d'autre part, le copte *Betuke* ou *Betikhe*, connu seulement par les *Scalæ*, y porte la traduction arabe *Bâdingân berri*, « Aubergine sauvage ». On peut donc hésiter, pour traduire le mot hiéroglyphique *Bettou-ka*, entre la

Pastèque et l'Aubergine, *Solanum Melongena* L. La Pastèque est très fréquemment réprésentée dans les tombes.

126. **Lagenaria vulgaris** Ser.

Des Calebasses ont été souvent trouvées dans les tombes, à partir de la XIIe dynastie, et il s'en trouve dans quelques musées d'Europe. Fl. Petrie en a découvert dans ses fouilles de Hawara. Ce fruit est également représenté sur les monuments. La Calebasse, ou quelque autre espèce de Courge, porte dans les *Scalæ* deux noms bien différents : *T-ghlo*, traduit par l'arabe *Qara'* et par le grec κολόκυνθα; *Pi-shlôdj*, nommé parfois *Pi-bent-n-eghladj*, traduit par l'arabe *Iaqtin*. Or, *Iaqtin* sert à rendre, dans un autre passage des *Scalæ*, le copte *Pi-kologinthe*, dont la parenté avec le grec κολόκυνθα est hors de doute. En arabe, *Iaqtin* et *Qara'* s'appliquent à diverses espèces du genre *Cucurbita*. Les antécédents égyptiens des deux noms coptes n'ont pas encore été, à ma connaissance, retrouvés dans les textes pharaoniques.

127. **Momordica Balsamina** L.

D'après Pickering, cette plante est figurée sur les monuments égyptiens avec ses feuilles profondément lobées et sa tige s'en - roulant autour des lattes d'un treillage. Schweinfurth, — d'après une communication épistolaire, — préférerait voir dans cette figure la représentation de l'*Ipomœa cahirica* L. Pourtant, il indique bien dans sa flore la Balsamine comme étant cultivée, et même naturalisée, dans les jardins de l'Égypte moderne.

128. **Cucumis Chate** L.

Le fruit de cette plante se trouve souvent parmi les représen - tations égyptiennes, au dire d'Unger. Il se pourrait que ces représentations se rapportent plus simplement au *C. sativus* L. Mais le nom spécifique *Chate* est une transcription un peu maladroite de l'arabe *Qatta* ou *Qassa*. Or, ce nom *Qatta* se retrouve en hiéroglyphe dans un mot *Qadi* qui désigne une plante rampante, « poussant sur son ventre » d'après le texte égyptien, et qui ne peut guère être que le *C. Chate*. On doit pourtant remarquer que l'arabe *Qassa*, en hébreu *Qissouaïm* (Vulg. σίκυος, copte *Shôpi*), s'applique aussi bien au *C. Chate* qu'au *C. sativus*.

129. Cucumis sativus L.

Fl. Petrie a retrouvé des Concombres et des parties de la plante dans ses fouilles au Fayoum, à partir de la XIIe dynastie (nécropole de Kahoun) jusqu'à l'époque gréco-romaine (tombes de Hawara). Les noms coptes du Concombre sont au nombre de trois: 1° *Banti*, *Bonti*, *Bonte*, du genre féminin; 2° *Shop*, *Eshoop*, *Shôpe*, *Shôpi*, *Shôbe*, *Shoobe*, *Ghôpi*, *Ghôbghôbe*, du genre masculin; 3° *Tighe*, du genre féminin. Le premier mot répond a σίκυος dans la Bible et est traduit par *Qatta* dans les *Scalæ*. Le second répond également à σίκυος dans la Bible, mais est partout dans les *Scalæ* traduit par *Faqqous*, « Concombre », sauf dans un seul document *(Cod. par.* XLIV, 337), qui porte *Battikh*, « Pastèque ». Enfin, *Tighe* est rendu par *Qatta* dans une *Scala*. Le Concombre est fort souvent représenté sur les parois des tombes, parmi les offrandes funéraires. On n'a retrouvé, comme nom égyptien ancien du Concombre, que le mot *Shoupi*, et encore le sens n'en est-il pas absolument certain.

130. Cucumis Melo L.

Unger croit avoir trouvé la représentation du Melon dans une tombe de Saqqarah, nécropole de l'ancienne Memphis. D'après le dessin qu'il publie, cette identification ne me semble pas absolument certaine. Elle est possible pourtant, au moins en théorie, car Fl. Petrie a découvert dans la nécropole gréco-romaine de Hawara, au Fayoum, un certain nombre de spécimens du *C. Melo*.

GRANATÉES

131. **Punica Granatum** L.

Un égyptologue américain, C. Moldenke, est arrivé presque en même temps que moi, et par des moyens différents, ce qui donne une entière certitude à notre découverte commune, à la détermination du nom égyptien de la Grenade. Ce nom se présente sous un certain nombre d'orthographes diverses, ce qui, étant donné la fixité ordinaire des radicaux égyptiens, nous prouve d'une façon absolue que le Grenadier n'était pas d'origine égyptienne, mais fut importé de l'étranger en Égypte et y conserva son nom vernaculaire. Ce nom, en ramenant à une seule forme les différentes orthographes que nous en connaissons, est *Arhmani*. Le nom copte de la Grenade, dérivé de l'égyptien, est *Erman* ou *Herman*. Nous avons ainsi le thème primitif de l'hébreu *Rimmoun*, de l'arabe *Roumman*, et du berbère *Armoun*.

On sait que l'origine du Grenadier a souvent été discutée. Les uns, d'après son nom latin *Malum punicum*, le considèrent comme originaire du nord-ouest de l'Afrique. A. de Candolle, dans son *Origine des plantes cultivées*, arrive à la conclusion que le Grenadier vient de Perse. Voici quelques données nouvelles, fournies par l'archéologie égyptienne, qui pourront jeter de la lumière dans la question. Je les livre, sans les discuter, à la sagacité des botanistes.

Jusqu'ici, le texte le plus ancien qui nous donne le nom égyptien du Grenadier remonte à la XVIIIe dynastie, époque des grandes guerres des Ahmessides en Asie. Ce texte se trouve à Thèbes, dans la tombe du scribe Anna, qui mourut sous Touthmès I. Touthmès I est le premier pharaon qui ait parcouru la Syrie. Jusque-là les Égyptiens n'avaient jamais combattu, en fait d'Asiatiques, que quelques nomades arabes et sinaïtiques

qui attaquaient leurs frontières de l'est. Il serait peut-être témé-
raire de conclure du document fourni par la tombe d'Anna que
le Grenadier fut importé d'Asie par Touthmès I. Anna range le
Grenadier au nombre des arbres plantés dans son parc funéraire; ce fait semble indiquer que le Grenadier n'était pas un
arbre tout à fait nouveau pour les Égyptiens. Ensuite, de ce
que la première mention connue de cet arbre ne remonte qu'à
la XVIII⁰ dynastie, il ne résulte pas nécessairement qu'il n'était
pas connu auparavant. Qui sait si de nouveaux textes, contemporains des pyramides, ne nous donneront pas un jour le nom
du Grenadier? En attendant, il me paraît certain que ce ne
furent pas les armées égyptiennes qui l'emportèrent d'Asie. Si
l'on veut lui donner une origine asiatique, il ne reste qu'à supposer qu'il fut introduit par les Pasteurs qui, on le sait, furent
les introducteurs du cheval en Égypte, et de bien d'autres choses
encore, à la XVII⁰ dynastie.

La plus ancienne représentation murale du Grenadier date
du règne d'Aménophis IV, à la fin de la XVIII⁰ dynastie, et se
trouve dans une tombe de Tell-el-Amarna. Les plus anciennes
Grenades trouvées dans les tombes faisaient partie des offrandes
funéraires d'un hypogée de la XX⁰ dynastie. Des tombes de la
V⁰ et de la XII⁰ dynastie, contenant quelques corbeilles de fruits,
n'ont pas fourni de Grenades. En résumé, la Grenade n'est
connue jusqu'ici, d'après les documents égyptiens, qu'à partir
de l'invasion des Pasteurs ; mais, encore une fois, on ne peut
en conclure formellement qu'elle était inconnue auparavant en
Égypte.

L'espèce trouvée dans les tombes est plus petite que la
Grenade ordinaire ; Schweinfurth la compare aux Grenades du
Sinaï. En médecine, les Égyptiens employaient l'écorce de
Grenade comme vermifuge. Aujourd'hui encore, dans le monde
entier, on lui attribue les mêmes propriétés. Les Coptes l'em-
ployèrent plus tard contre la gale.

Les textes égyptiens mentionnent fort souvent, à partir de
l'époque des Ramessides, une liqueur *Shedeh-it*. Or, un texte

relatif aux productions d'un jardin fruitier de Ramsès II,
(Anast. IV, 6-7) nous apprend que ce jardin produisait deux
espèces de fruits et trois espèces de liqueurs. Les deux fruits
sont le Raisin et la Grenade. Les trois liqueurs sont le Vin, le
Moût de vin, et la *Shedeh–it*. Il me paraît certain que cette
liqueur ne peut être qu'une liqueur tirée de la Grenade, soit
de la Grenadine ou sirop de Grenade, soit quelque fermentation
alcoolique. Si cette supposition est juste, il en faudrait conclure
que les Égyptiens transportèrent le Grenadier dans l'oasis de
Dakhléh, car, dans les textes ptolémaïques, la liqueur *Shedeh-it*
est toujours nommée en premier parmi les produits de cette
petite colonie égyptienne.

MYRTACÉES

132. **Myrtus communis** L.

Théophraste et Pline citent le Myrte parmi les plantes égyptiennes. D'autre part, Pickering et Unger voient des rameaux de
Myrte dans les branches que tiennent souvent dans leurs mains
les danseuses représentées dans les tombes. Enfin Figari à
Bubastis, et Fl. Petrie à Arsinoé et à Hawara ont découvert des
branches de Myrte dans des tombes égyptiennes de basse
époque ; il s'en trouve également, d'époque analogue, au Musée
de Leide. Myrte se dit *As* en arabe ; des égyptologues en ont con-
clu que la plante *As*, ou *Asi*, souvent mentionnée dans les textes
hiéroglyphiques, est le Myrte. La chose est impossible, l'*Asi*
étant une plante aquatique. Le nom copte du Myrte est *Motra*,
mot dont on n'a pas encore retrouvé l'équivalent hiéroglyphique.
Le Myrte est, de nos jours, assez communément cultivé dans
les jardins d'Égypte, mais il n'est pas originaire du pays.

TAMARISCINÉES

133. **Tamarix nilotica** EHRB.

Hérodote et Pline nous apprennent que le Tamaris poussait
en Égypte. Unger en a retrouvé des fragments nombreux dans
une brique d'El-Kab, et Schweinfurth en a reconnu des branches
entières dans un cercueil de la XXᵉ dynastie, dans lequel reposait la momie d'un personnage nommé Kent. De même, Fl. Petrie
a découvert des restes du *T. nilotica* dans la nécropole grécoromaine de Hawara, au Fayoum. Le Tamaris se nomme *Ashel*
en hébreu, *Açl* en arabe, *Osi* en copte. En hiéroglyphes, son
nom est *Aser*, mot qui nous donne l'origine des termes sémitiques. Plutarque, dans son traité *Sur Isis et Osiris*, nous dit
que le Tamaris était consacré à Osiris. Le Tamaris devait, en
effet, être un arbre sacré, car son nom se rencontre souvent dans
les textes religieux, et on le trouve indiqué, avec le Jujubier,
comme l'un des deux arbres sacrés du XVIIᵉ nome de la Haute-
Égypte. On l'employait également en médecine. Le *T. nilotica*
pousse encore aujourd'hui en Égypte, en compagnie de plusieurs
autres espèces de *Tamarix*.

Bien que le copte *Osi*, l'arabe *Açl* et l'égyptien *Aser* soient
très certainement un même mot, il faut remarquer que les *Sculæ*
coptes rendent *She-n-osi* par l'arabe *Tarfah*, tandis que l'*Açl*
arabe y répond au nom copte *Pi-nam* ou *Pi-nom*. Or, d'après
Schweinfurth, *Tarfah* désigne le *T. nilotica*, tandis que *Açl*
désigne le *T. articulata* VAHL. En attendant qu'on trouve un
arbre *Nam* dans les textes hiéroglyphiques, on peut admettre
que le nom *Aser* s'applique indistinctement à toutes les espèces
de Tamaris.

LYTHRARIACÉES

134. **Lawsonia inermis** L.

Le *L. inermis* donne la poudre rouge-orange connue en arabe sous le nom de *Henné ;* cette poudre s'obtient en broyant les feuilles desséchées de l'arbre et sert aux Arabes à se teindre les ongles et l'intérieur des mains. On a découvert un grand nombre de momies dont les mains étaient teintes à l'aide du même procédé; de plus, Schweinfurth a reconnu dans quelques tombes égyptiennes des fragments de *L. inermis.* Fl. Petrie en a également rapporté de ses fouilles dans la nécropole gréco-romaine de Hawara, au Fayoum. Prosper Alpin, le premier qui nous parle de la poudre de Henné, la nomme *Archenda (De plant. Ægypt.,* XIII).

Le *L. inermis* porte en grec le nom de χύπρος. Ce mot χύπρος dérive de l'ancien égyptien par l'intermédiaire des langues sémitiques. Le nom hébreu de la plante est *Kopher*, son nom copte est *Khouper* ou *Kouper*, et les habitants d'Assouan, au dire de Delile, la nomment *Kafra.* Les arabes appellent le Lawsonia *Faghou, Fâghîah* ou *Shagarat-el-Henné*, « l'arbre au Henné ». Le mot hiéroglyphique d'où dérive cette série de noms est *Pouqer*, qui est devenu en hébreu *Kopher* par transposition de lettres. L'arabe *Faghou* ou *Fâghîah* semble dériver plus directement de l'égyptien, sans transposition, mais avec chute de la lettre finale R, fait extrêmement commun dans toutes les langues sémitiques, et dont nous venons justement de voir un exemple dans le nom copte du Tamaris, *Osi*, qui vient de l'égyptien *Aser.* Un fait qui semble démontrer la possibilité de la chute du R en Arabe est qu'Aboulqasim-el-wizir considère les mots *Fâghîah* et *Fâghirah*, — qui dans son ouvrage s'appliquent à une autre espèce, — comme synonymes l'un de l'autre. D'ailleurs, un détail qui indique bien que le copte *Kouper* dérive

de l'égyptien *Pouqer* par transposition, c'est que cette transposition se rencontre déjà dans les textes démotiques, qui
donnent au Henné le nom de *Kapra*.

Le *L. inermis* n'est cité, à ma connaissance, que quatre ou
cinq fois dans les textes égyptiens, et toujours dans des recettes
de parfumerie, entre autres dans la recette du Kyphi. Nous
avons vu que, d'après l'examen de quelques momies, les
Égyptiens se rougissaient les mains au Henné, ainsi que les
Arabes. Dioscoride *(De mat. med.*, I, 124) nous apprend qu'à
l'aide de la même poudre, diluée dans du suc de Saponaire, les
Égyptiennes d'autrefois se teignaient les cheveux en blond, et
Pline *(Hist. nat.*, XXIII, 46) reproduit la même assertion.
Comme on le voit, l'idée de se teindre les cheveux date de bien
loin. Depuis quelques années, on vend à Paris du Henné pour
rendre les cheveux blonds ; c'est là une découverte pharaonique remise au jour. Le *L. inermis* est originaire de l'Asie
orientale. Les Égyptiens paraissent l'avoir introduit assez tard
dans leur pays, au plus tôt à l'époque des Ramessides. Le nom
de la plante ne se rencontre que dans des inscriptions ptolémaïques ; Schweinfurth et Fl. Petrie n'en ont retrouvé des fragments que dans des tombes postérieures à la XXᵉ dynastie.

ONAGRARIÉES

135. **Epilobium hirsutum** L.

L'Épilobe croît encore de nos jours en Égypte, surtout dans
le Delta. Schweinfurth en a retrouvé des bouquets dans une
tombe postérieure à l'époque des Ramessides, sise à Sheikh-abd-
el-gournah, sur les ruines de l'ancienne Thèbes. L'espèce antique
a, paraît-il, les fleurs un peu plus petites que celles de l'espèce
que l'on rencontre dans nos climats. Fl. Petrie a également rencontré des restes de cette espèce dans les tombes gréco-romaines
de la nécropole de Hawara, au Fayoum.

ROSACÉES

136. **Rosa sancta** RICH.

Cette plante a été retrouvée, par Fl. Petrie, dans la nécropole gréco-romaine dè Hawara, au Fayoum. Le *R. sancta* étant d'origine abyssinienne, il se peut que les anciens Égyptiens l'aient connu d'assez bonne heure. Néanmoins, le nom égyptien ne s'en trouve que dans les textes démotiques, sous la forme *Ouartou*, qui, par l'intermédiaire du copte *Ourt, Ouért, Bert*, est devenu en arabe *Ouard*.

137. **Pyrus Malus** L.

Voici encore une plante intéressante au sujet de l'histoire de la culture. Le nom arabe du Pommier est *Taffah*. *Djepeh*, dans les lexiques coptico-arabes, est traduit par *Taffah*, μῆλον, *malum*. Enfin, le mot hébreu que les traductions de la Bible rendent par Pomme est *Tappoukh*. *Taffah, Djepeh* et *Tappoukh* sont donc trois mots bien identiques. Hœfer, dans son *Histoire de la botanique*, propose de traduire l'hébreu *Tappoukh* par « orange » au lieu de « pomme », parce que le Pommier prospère peu hors de la zone tempérée froide et que ses fruits, en Orient, n'attirent ni par leur odeur ni par leur saveur. Ces motifs ne sont pas suffisants, ce me semble, pour nous permettre de méconnaître l'exactitude des traductions bibliques, d'autant plus que l'Oranger ne fut connu dans la région méditerranéenne que postérieurement à l'ère chrétienne, et que le Pommier est fréquemment cultivé de nos jours dans les environs de Miniéh, en Haute-Égypte, où il vient très bien. L'hébreu *Tappoukh* est évidemment le même mot que l'arabe *Taffah*, lequel désigne bien le Pommier, sans contradiction possible.

L'original égyptien de ces trois formes est *Dapih*, — en démotique *Dapkhi*, — mot dont les plus anciens exemples datent du temps de Ramsès II et de Ramsès III. Ramsès II fit planter des Pommiers dans ses jardins du Delta. Ramsès III donna aux prêtres de Thèbes, pour leurs offrandes journalières, 848 paniers de Pommes. Sous la XIX⁰ dynastie, le Pommier était donc un arbre fruitier communément cultivé en Égypte.

138. **Pyrus communis** L.

La Poire a été retrouvée, par Fl. Petrie, dans la nécropole gréco-romaine de Hawara, au Fayoum. Son introduction en Égypte doit être postérieure aux dynasties pharaoniques ; les noms coptes de la Poire, dans les *Scalæ*, sont de sonorité grecque : *Korthollos, Apidia, Apíos*.

139. **Amygdalus Persica** L.

La Pêche, ainsi que l'Amande et la Cerise, mentionnées aux numéros suivants, a été retrouvée dans la nécropole gréco-romaine de Hawara. L'un des deux noms que les *Scalæ* donnent à la Pêche, *Ou-persi*, est certainement d'origine grecque. L'autre, *Hupori*, est de sonorité égyptienne. Mais, Théophraste, qui connaît tous les arbres fruitiers de l'Égypte, n'ayant parlé du Pêcher, même pour la Grèce ou l'Asie, en aucun endroit de son *Histoire des plantes*, il est certain que la Pêche n'était pas encore connue des Égyptiens au IVᵉ siècle avant notre ère.

140. **Amygdalus communis** L.

Mêmes remarques à faire au sujet de l'Amande. Son nom copte, *Leuke*, est bien certainement d'importation grecque. Un autre nom copte de l'Amande, *Peukinon* (Kir., 382), semble résulter d'une faute de copie qui aurait fait lire *Peukinon* au lieu de *Leukinon*.

141. **Prunus Cerasus** L.

Il en est de même pour la Cerise, dont le nom arabe, *Qerasia*, sert à traduire, dans les *Scalæ*, les mots coptes *Tamaskion*, *Pi-tamaskenos*, dont l'origine est certainement grecque, mais dont le sens tendrait à nous laisser supposer que le Cerisier était cultivé en grand à Damas quand les Égyptiens l'importèrent sur les rives du Nil.

MIMOSÉES

142. **Acacia nilotica** Del.

Quelques-unes des guirlandes qui ornaient les momies d'Ahmès I et d'Aménophis I, rois de la XVIIIe dynastie, étaient composées de fleurs d'*A. nilotica*. Cet arbre, dont le bois servait à faire des cercueils, des meubles, des statues, se nommait *Shant* en ancien égyptien. L'hébreu *Shett*, par assimilation du N au T, l'arabe *Sant* et le copte *Shonte*, *Shanti*, désignent également l'Acacia et dérivent du nom hiéroglyphique de cet arbre. L'*A. nilotica* est un arbre très ancien sur les bords du Nil ; son nom se trouve dans les textes contemporains des pyramides. Une brique d'El-Kab renfermait, au dire d'Unger, quelques fragments d'*A. nilotica*. La gomme provenant de cet arbre se nommait, en ancien égyptien, *Qami*, en copte *Komê*, — mot dans lequel on retrouvera l'origine du grec κόμμι et de notre mot gomme, — mais qui était employé également en égyptien pour désigner la résine, car on disait aussi bien *Qami* (gomme) d'Ébénier, que *Qami* (résine) d'Arbre à encens. On sait que la gomme de l'Acacia est la gomme arabique du commerce.

Le Musée de Florence possède (nº 3630) plusieurs épines d'*Acacia* trouvées avec des objets de toilette, et qui semblent avoir servi d'aiguilles ; elles ont été attribuées par Migliarini à

l'*Acacia vera* Willd. Les fouilles de Fl. Petrie, dans les nécropoles de Hawara et de Kahoun, — cette dernière, de la XIIe
dynastie, — ont amené la découverte d'objets fabriqués en bois
d'Acacia, et de gousses du même arbre, qui paraissent avoir
servi au tannage ; M. Newberry attribue ces restes à l'*A. arabica* Willd. Enfin, M. Bonastre rapporte à l'*A. heterocarpa*
Del. certains fruits du Louvre (L. 171).

143. **Acacia Seyal** Del.

Cet Acacia est mentionné fort souvent dans les anciens textes
égyptiens sous le nom *Ash*. Son bois servait à faire des cercueils, des statues, des portes, des barques. Il fournissait une
essence souvent citée dans les inscriptions et qui n'était autre,
probablement, qu'une dilution de sa gomme dans l'eau. L'*A.
Seyal* se rencontre beaucoup de nos jours en Thébaïde. Dès les
premières dynasties, son nom se trouve sur les monuments. Le
nom de l'*A. Seyal*, qui est *Talh* en arabe, est *Pi-tarinon* dans
les *Scalæ* (Kir., 175).

On a voulu, dans ces derniers temps, voir dans l'arbre *Ash*
une espèce de Conifère. Les arguments réunis pour motiver
cette traduction sont des plus justes et des plus frappants. On a
pourtant négligé un point très important, c'est que le nom *Ash*
est déterminé par une *gousse*. Or, une gousse est admissible
derrière un nom de Légumineuse, mais non derrière un nom de
Conifère. On a oublié également que l'*Ash* est mentionné dans
les textes les plus anciens que l'on connaisse, et qui datent d'une
époque où les Égyptiens ignoraient même l'existence de la
Syrie.

144. **Acacia Farnesiana** Willd.

Les fleurs de cette espèce se vendent depuis quelques années
chez les fleuristes, sous le nom de Mimosa. On connaît leur
forme globuleuse et leur aspect soyeux. Les anciens Égyptiens
leur donnaient le nom pittoresque de *Per-shen*, qui signifie

« grains chevelus ». Ces fleurs sont souvent employées en médecine, et on les rencontre dans presque toutes les recettes de
parfumerie, désignées par un synonyme *Sannâr*.

Depuis la rédaction de ces lignes, qui datent de la première
édition, M. Schweinfurth m'a fait observer que l'*A*. *Farnesiana*,
étant d'origine américaine et n'étant connu dans l'ancien conti-
nent qu'à partir du xviie siècle, n'a pu être cultivé par les
anciens Égyptiens. C'est donc à une autre espèce d'*Acacia* qu'il
faut rapporter les fleurs odorantes *Per-shen* ou *Sannâr* des
textes hiéroglyphiques. Peut-être pourrait-on rapprocher ce'
dernier nom de l'arabe *Sammor* qui, d'après Schweinfurth,
désigne l'*A*. *spirocarpa* Hochst.

145. **Moringa aptera** Gærtn.

Une graine de cette espèce, qu'il est facile de distinguer de
l'espèce voisine *M*. *oleifera* Lmk., a été trouvée par Schweinfurth dans une tombe de Drah-abou'l-neggah. Des gousses et
des graines s'en trouvent exposées au Musée de Florence
(n° 3618), et Fl. Petrie a découvert des restes de la plante dans
ses fouilles de Hawara. Le *M*. *aptera*, nommé *Yesar* par les
Arabes, est commun, au dire de Schweinfurth, dans le désert
oriental de la Thébaïde. Le fruit du Moringa, connu sous le nom
de Noix de Ben, fournit une huile précieuse pour la parfumerie ;
les anciens lui donnaient les noms suivants : Βάλανος αἰγυπτία
Théophr., Βάλανος μυρεψική Diosc., *Myrobalanum*, *Glans ægyp-
tia* Pline. J'ai retrouvé le nom égyptien du Moringa, *Baq*, et,
ne connaissant pas la découverte de Schweinfurth, j'y avais vu
le *M*. *oleifera*, que l'on indique généralement comme produisant l'huile de Ben et comme correspondant aux termes classiques cités plus haut. Mais, puisque le fruit trouvé dans une
tombe appartient au *M*. *aptera* et que c'est cette espèce que l'on
rencontre de nos jours en Égypte, il est évident que le *Baq*
antique est le *M*. *aptera* plutôt que le *M*. *oleifera*. Le *Baq*
croissait dans la Thébaïde et dans le Delta, ainsi que dans l'oasis

de Dakhléh. On le trouve mentionné dans les textes des plus anciennes dynasties. L'huile que l'on en extrayait, nommée *Baqi*, était très réputée. On s'en servait en parfumerie, on en oignait les momies, on la recommandait en médecine. On la divisait en deux espèces, *Baqi* rouge et *Baqi* vert, ce qui s'accorde avec un passage de Pline qui nous dit que l'huile du *Myrobalanum* était rouge en Égypte et verte en Arabie.

CÉSALPINIÉES

146. **Ceratonia Siliqua** L.

Le mot hiéroglyphique *Djaroudj* ou *Garouta* signifie « gousse » en général. La forme *Darrouga* du même mot, plus rarement *Adarrouga*, répondant au copte *Garaté* (Luc, XV, 16), s'applique à un fruit spécial, au goût de miel, que l'on mangeait sec ou confit, et dont on faisait une boisson nommée *Tarroukou*. C'est la « Gousse » par excellence, la Caroube, à laquelle les Grecs et les Latins donnaient également le nom de Gousse, κεράτιον, *Siliqua*, désignations conservées par Linné dans le nom botanique de la plante, *Ceratonia Siliqua*. Dans le midi de la France, la Caroube se nomme Carouge, et l'on reconnaît facilement dans ce mot une dérivation de l'ancien égyptien. Caroube se dit *Kharoub* en arabe, mais aussi *Qirat*, et ce dernier mot se rapproche des formes hiéroglyphiques. Un mot arabe presque analogue, *Qarad*, désigne également une gousse, celle de l'*Acacia arabica* WILLD. Tous ces mots, coptes, arabes, français même, dérivant de l'ancien égyptien, on peut supposer, non sans quelque vraisemblance, que les noms κεράτιον et *Ceratonia*, dont les trois consonnes radicales répondent exactement aux trois consonnes radicales des termes sémitiques, viennent également de l'égyptien et ne présentent avec κέρας qu'un rapport tout fortuit.

Théophraste nous apprend que le Caroubier se nommait vulgairement *Figuier d'Égypte ;* mais il assure qu'on ne le rencontrait qu'en Syrie. Unger a trouvé une gousse de Caroubie représentée sur un tableau au milieu des offrandes funèbres, et Kotschy a rapporté d'Égypte une canne découverte dans un cercueil de momie, qu'il a reconnue, après examen au microscope, être en bois de *C. Siliqua.* Enfin, des gousses et des graines de Caroubier ont été découvertes par Fl. Petrie à Hawara et même à Kahoun, nécropole qui date de la XII⁰ dynastie. Cet arbre est encore assez cultivé de nos jours en Égypte. La forme de son nom égyptien pourrait nous permetre de lui attribuer une origine étrangère, peut-être sémitique ; mais ce nom, comme on peut le remarquer, ne s'applique qu'au früit. Il date de la XIX⁰ dynastie, époque où l'on aimait agrémenter la langue égyptienne de mots empruntés à la Syrie.

Le nom de l'arbre, lui, est bien plus ancien. Il s'écrit au moyen d'une gousse et se prononce *Noutem ;* or, la gousse est employée comme signe hiéroglyphique dans les inscriptions des plus antiques pyramides de Memphis. *Noutem* est donc un très vieux mot égyptien. Comme ce mot, en somme, ne désigne originellement qu'un arbre *à gousses* et qu'il ne s'est pas conservé en copte comme désignation d'un arbre, on peut se demander s'il doit réellement s'appliquer au Caroubier. Un fait semble le prouver : c'est que *Noutem,* en plus de ce sens « arbre *à gousses* », signifie aussi « doux, suave, agréable ». Je ne vois que la gousse du Caroubier qui ait pu inspirer ces sens symboliques, aucun autre arbre légumineux d'Égypte ne produisant des gousses mangeables, sinon le Tamarin, qui ne fut introduit sur les rives du Nil qu'après la conquête arabe. D'autre part, le fruit du *Noutem* n'est employé au Papyrus médical Ebers que pour relâcher le ventre, seul emploi que Dioscoride et, après lui, Galien, Pline et Gargilius Martialis attribuent à la Caroube fraîche. Le même emploi est indiqué dans Prosper Alpin *(De plantis Ægypti,* § 3), en 1592.

Que l'on songe que le Cédrat, introduit en Grèce au iv⁰ siècle avant notre ère, ne commença à s'y manger que six cents ans plus tard, et l'on admettra que les Égyptiens ont pu ne manger la Caroube qu'après l'avoir vu manger par les Syriens, et lui ont donné, pour cette raison, le nom qu'elle portait en Syrie, tout en conservant à l'arbre son nom égyptien. De même que le firent les Grecs pour le Cédrat, les Égyptiens employèrent la Caroube en médecine avant de songer à l'utiliser pour l'alimentation. Ils remarquèrent ainsi de bonne heure son goût sucré ; d'où l'emploi de la Caroube, dans les plus anciens textes, comme signe symbolique de l'idée de douceur et de suavité.

A propos de cette valeur hiéroglyphique de la gousse, on peut ajouter un nouvel argument prouvant que le *Noutem* est bien un arbre à gousses comestibles. Dans le *Papyrus des signes*, découvert par Fl. Petrie en Égypte, papyrus qui nous donne la liste de tous les signes hiéroglyphiques suivis de leur description, on lit, après la figure de la Datte : « fruit du Dattier ». Après la figure de la gousse, qui vient immédiatement avant, on lit : « fruit du *Noutem* ». Cela achève de démontrer, — je suppose, — que le *Noutem* est bien le *C. Siliqua* et que le bois de *Noutem*, nommé *Sis-noutem* dans de nombreux textes relatifs à l'ébénisterie, est bien le beau et solide bois rougeâtre que fournit le Caroubier.

Enfin, en plus du nom *Darrouga*, tiré des langues sémitiques, les Égyptiens désignaient encore la Caroube sous les noms purement égyptiens de *Djaïri* et de *Ouhâ* ou *Houâ*. Le premier de ces noms, signifiant « acide, aigrelet », s'est d'abord appliqué à la pulpe seule du fruit, puis ensuite, par extension, au fruit tout entier. Quant au mot *Ouhâ* ou *Houâ*, qui signifie « fruit en forme de croissant », il sert à dénommer la gousse du Caroubier, principalement la gousse fraîche, par opposition à *Darrouga*, qui est ordinairement le nom de la gousse sèche.

PAPILIONACÉES

147. **Lupinus Termis** FORSK.

Des gousses vides et brisées de cette plante ont été trouvées dans une tombe égyptienne. Schweinfurth suppose qu'elles sont modernes, mais, à cause de l'existence d'un nom copte pour le Lupin, il n'en considère pas moins le *L. Termis* comme ayant été connu des anciens Égyptiens. D'ailleurs, cette plante était connue des Égyptiens au moins à l'époque gréco-romaine, puisque Fl. Petrie en a découvert des fragments dans la nécropole de Hawara.

148. **Medicago denticulata** WILLD.

Dans une brique de la pyramide de Dashour, Schweinfurth a reconnu des fragments du *M. denticulata*. Fl. Petrie a trouvé également des restes de cette plante à Hawara. A Kahoun, nécropole de la XIIe dynastie, on en a trouvé une graine mêlée accidentellement à des grains d'Orge déposés en offrande funéraire. On peut rapprocher de ces trouvailles des fruits exposés au Musée de Leide sous les nos H, 52–54 et indiqués dans le catalogue comme provenant du *M. rugosa* LMK.

149. **Melilotus parviflora** DEL.

Une brique de la même pyramide de Dashour a fourni à Unger quelques restes du *M. parviflora*, plante très commune en Égypte, et que l'on rencontre dans tout le reste de l'Afrique.

150. **Indigofera argentea** L.

C'est cette espèce que l'on cultive aujourd'hui en Égypte, où elle se rencontre même, à l'état spontané, dans le désert à l'ouest de la Thébaïde. Il est donc probable que c'est la même que l'on cultivait autrefois pour ses propriétés tinctoriales. L'Indigo a un nom sanscrit, *Nili*, et A. de Candolle, dans son *Origine des plantes cultivées*, en conclut que l'Indigo vient de l'Inde, comme du reste le prouvent, dit-il, ses noms classiques Ἰνδικόν, *Indicum*. En fait, le nom arabe et égyptien moderne de l'Indigo est *Nil*. Il reste donc à savoir si le nom sanscrit dérive

du nom arabe, ou si ces deux noms n'ont entre eux qu'un rapport fortuit. Un fait d'ordre philologique vient éclairer d'un
nouveau jour la question d'origine de l'Indigo.

On sait que toutes les étoffes égyptiennes teintes en bleu ont
donné, par analyse chimique, des traces certaines d'Indigo.
L'Indigo était donc connu des anciens Égyptiens. Le tiraient-
ils de l'Inde, ou le cultivaient-ils déjà dans leur pays? Un texte
relatif à la teinture nous donne le nom de la plante qui servait
à teindre en bleu, et ce nom, qui n'a rien à voir avec l'Inde, est
celui qui a donné naissance au grec ἰνδικόν. Le nom égyptien de
l'Indigo est *Dinkon*. Les Grecs, en présence d'une plante tinctoriale d'origine étrangère, nommée *Dinkon*, y ont vu une plante
indienne et, par une métathèse qui en facilitait la prononciation,
ont changé son nom en ἰνδικόν. Le nom *Dinkon* signifie littéralement « plante qui chasse les tranchées ». Cette propriété
se trouve mentionnée dans Dioscoride (V, 107). Le *Dinkon*
est, d'autre part, plusieurs fois nommé dans les papyrus
médicaux.

Que l'Indigo soit d'origine indienne, c'est possible. Mais cela
ne résulte ni de son nom sanscrit, qui se retrouve en arabe
d'Égypte, ni de ses noms classiques, qui dérivent directement
de l'ancien égyptien. Ce qui est certain, c'est que cette plante
était cultivée en Égypte dès les temps les plus reculés, et qu'on
la trouve aujourd'hui spontanée au sud de l'Égypte, en Nubie
et en Abyssinie.

151. Sesbania ægyptiaca Pers.

Des fleurs de cette plante, ayant encore conservé leur couleur
jaune, ont été reconnues par Schweinfurth au milieu des guirlandes qui ornaient la momie d'Ahmès (XVIIIe dynastie).

152. Cicer arietinum L.

Cette plante est cultivée de nos jours en Égypte, et ses grains
se mangent grillés. Pickering supposait qu'elle était connue des

anciens Égyptiens et que c'est à cause de la forme de ses graines, qui ressemblent à des têtes de bélier, qu'elle était considérée, au temps d'Hérodote, comme un aliment que la religion défendait de manger. Fl. Petrie ayant découvert le Pois chiche dans la nécropole gréco-romaine de Hawara, l'assertion de Pickering se trouve justifiée, du moins en ce qui concerne l'existence du Pois chiche dans l'ancienne Égypte. Les *Scalæ* sont contradictoires au sujet du nom copte du Pois chiche. Certaines portent : *Arshin* = « Pois chiche », *Ershish* = « Lentille ». D'autres, par contre, portent : *Arshin* = « Lentille », *Ershish* = « Pois chiche ». Or, il existe en égyptien deux noms de légumes, *Arshâ* et *Arshana*, dont le premier semble répondre à *Ershish* tandis que le second paraît être la forme antique de *Arshin*. Comme il existe en copte une expression *n-arshan* qui désigne quelque chose de tacheté, par exemple la peau piquée de taches de rousseur, je crois que ce sont les dernières *Scalæ* qui ont raison et que *Arshin* désigne la Lentille, à laquelle on peut, bien mieux qu'au Pois chiche, comparer les taches de rousseur. Ce serait donc *Arshâ* qui serait le nom antique du *C. arietinum*.

153. **Pisum arvense** L.

Unger a trouvé, dans une brique de la pyramide de Dashour, quelques fragments de graines d'une Légumineuse qu'il attribue au *P. arvense*, plante abondante aujourd'hui en Égypte. Fl. Petrie a retrouvé des restes de cette espèce dans la nécropole gréco-romaine de Hawara, et dans celle de Kahoun, de la XIIe dynastie.

154. **Pisum sativum** L.

Des Pois ont été trouvés en abondance dans les deux nécropoles dont nous venons de parler. Les Égyptiens cultivaient donc cette espèce dès la XIIe dynastie. Le nom copte du Pois, — en

arabe *Bessila*, — est *Ti-lakonthe*, mot qui ne paraît pas être
d'origine égyptienne.

155. **Pisum elatius** M. B.

Newberry a reconnu, parmi les grains mêlés accidentellement
à de l'Orge d'une tombe de la XIIe dynastie, de la nécropole de
Kahoun, six grains d'un *Pisum* qui n'est ni le *P. arvense*, ni
le *P. sativum*. Il ne reste qu'une troisième espèce de *Pisum*
qui soit mentionnée dans la Flore de Schweinfurth, c'est le
P. elatius, spontané dans le Delta. La conclusion me semble
tout indiquée, si la détermination du genre est exacte chez
Newberry.

156. **Ervum Lens** L.

On sait par les auteurs classiques que la Lentille croissait en
Égypte ; elle servait même déjà d'aliment, d'après Hérodote,
aux constructeurs des pyramides de Gizéh. On en a retrouvé,
cuites et réduites en pâte, dans une tombe de Thèbes datant de
la XIIe dynastie. Le nom égyptien de l'*E. Lens* est *Arshana*,
comme on l'a vu au n° 152. Ce mot ne présente pas une apparence égyptienne. Peut-être la Lentille venait-elle d'Asie. La
première mention monumentale de la Lentille date de la XIXe dynastie, du moins sous le nom *Arshana*. Peut-être les Égyptiens
avaient-ils, pour désigner ce légume, un autre nom que les
textes ne nous ont pas encore fait connaître.

Les noms hébreu et arabe de la Lentille n'ont aucun rapport
avec son nom égyptien, à moins que l'on admette, ce qui est
possible, qu'en transcrivant le pluriel hébreu *Adshin* les
Égyptiens aient confondu les deux lettres R et D qui, en hébreu,
se ressemblent beaucoup, et même peuvent se confondre en
écriture hiératique égyptienne.

157. **Vicia Faba** L.

Des Fèves ont été trouvées par Schweinfurth dans une tombe

de la XII⁰ dynastie; Fl. Petrie en a découvert des quantités dans les nécropoles de Hawara et de Kahoun, dont la dernière date également de la XII⁰ dynastie; d'autres, sans indication de date ni de lieu de provenance, mais certainement d'origine égyptienne antique, se trouvent, au dire d'Unger, exposées au Musée de Vienne. D'après les listes d'offrandes gravées dans les sépultures égyptiennes, les Fèves faisaient partie des aliments offerts aux défunts, et cela dès les premières dynasties. Ramsès III en fit distribuer des quantités dans les magasins des temples de Thèbes. Ces faits semblent controuver l'assertion d'Hérodote, qui affirme qu'en Égypte on considérait la Fève comme un aliment maudit et que personne n'en faisait usage, mais nous verrons plus loin que la Fève prohibée était le fruit du Lotus rose. Le nom égyptien de la Fève est *Aour* ou *Wour*, qui répond à l'hébreu *Poul* et à l'arabe *Foul*. Les noms coptes de la Fève, dans les *Scalæ*, sont *Pi-phaba*, *Pi-ali*, *Pi-phel*, *Pi-pheli*, *Pi-ouró*, dont le premier est grec et dont les autres dérivent directement de l'ancien égyptien.

158. **Vicia sativa** L.

Des graines et des gousses de Vesce ont été retrouvées par Schweinfurth dans plusieurs tombes égyptiennes. Unger en a reconnu également quelques fragments dans une brique de la pyramide de Dashour. La culture du *V. sativa* dans l'Égypte antique est donc bien démontrée. Cette plante n'est plus cultivée de nos jours sur les bords du Nil. On la rencontre seulement dans les champs, et les Arabes lui donnent le nom de *Foul roumi*, « Fève grecque ».

159. **Lathyrus sativus** L.

Des graines de Gesse ont été reconnues par Schweinfurth dans une tombe ouverte à Gébéleïn par Maspero. Des gousses de la même plante, trouvées dans un tombeau de Drah-abou'l-neggah, ne lui paraissent pas être d'origine antique. Fl. Petrie a retrouvé

la même espèce dans la nécropole gréco-romaine de Hawara.
Le nom copte du *L. sativus* est *Pi-houf*, traduit dans les *Scalæ*
par l'arabe *Gilbân*. *Houf* est certainement d'origine hiéroglyphique, mais je n'ai encore rencontré un nom semblable dans
aucun document pharaonique.

160. **Lathyrus hirsutus** L.

Des gousses de cette plante ont été reconnues par Schweinfurth dans une tombe de la XX° dynastie découverte à Thèbes par
Schiaparelli. Leur âge antique ne lui semble pourtant pas bien
démontré ; il suppose qu'elles ont pu être déposées là par des
Arabes qui s'étaient logés dans le tombeau.

161. **Trifolium alexandrinum** L.

Cette plante, très commune de nos jours en Égypte, où elle
porte le nom de *Bersim*, a été retrouvée par Fl. Petrie à
Hawara, nécropole gréco-romaine, et à Kahoun, nécropole de
la XII° dynastie. Le nom du *T. alexandrinum*, dans les *Scalæ*,
est *Pi-trim* ou *Pi-trimi*.

162. **Cajanus indicus** L.

Une graine de cette plante a été déterminée par Schweinfurth.
Elle provenait d'une tombe de la XII° dynastie ouverte par
Mariette. Le *C. indicus* se trouve en Haute-Égypte, à l'état
sauvage ; on le cultive en Nubie.

BURSÉRACÉES

163. **Balsamodendron Myrrha** NEES

Des fragments de Myrrhe ont été découverts, par Fl. Petrie,
dans la nécropole gréco-romaine de Hawara, au Fayoum. La
Myrrhe porte, dans les *Scalæ*, les noms de *Pi-sunar*, *Pi-*

smîrna ou *Pi-smyrna*. Ces deux derniers noms dérivent du grec. Le premier, qui peut être égyptien, n'a pas encore été retrouvé dans les textes anciens. Mais un troisième nom copte de la Myrrhe est donné dans les traductions bibliques, *Pi-shal*, mot dont l'antécédent hiéroglyphique se rencontre fort souvent dans les documents pharaoniques, sous la forme *Khari*. D'après Plutarque *(De Isid. et Osir.*, 79), le nom égyptien de la Myrrhe était βάλ. Jablonski, d'après le copte *Shal*, a cru pouvoir changer βάλ en σάλ. Une faute de copiste est admissible, en effet, dans le texte de Plutarque. Mais, dans tous les cas, l'égyptien *Khari* et le copte *Shal* donneraient une transcription grecque χάλ, et non σάλ. C'est ainsi que le nom du Lierre, — voir *suprà*, n° 115, — *Khi-n-ousiri*, en copte *She-n-osiri*, a fourni à Plutarque la transcription χενόσιρις.

Les Égyptiens, qui tiraient la Myrrhe des bords de la mer Rouge, connaissaient certainement plusieurs autres espèces de Burséracées de ces régions. Un fruit d'une espèce indéterminée de *Balsamodendron* a été rapporté d'une tombe égyptienne par Passalacqua (A. BRAUN, *Die Pflanzenreste*, p. 299), ce qui semblerait prouver que l'arbre en avait été importé en Égypte. Or, nous savons en effet que la reine Hatasou, à l'époque de la XVIIIe dynastie (xve siècle avant notre ère), envoya une expédition au pays des Somalis afin d'en rapporter des « Sycomores à encens » que l'on devait transplanter à Thèbes. L'arbre à encens du pays des Somalis ne peut être que le *Boswellia thurifera* CART., qui précisément ne pousse que dans ces régions et est seul à y représenter les Burséracées. L'encens, dès les temps les plus reculés, porte dans les textes hiéroglyphiques le nom de *Anti*.

Le *Bdellium*, — en hébreu *Bdolah*, — gomme-résine fournie par le *Balsamodendron africanum* ARN., arbre de Nubie et d'Abyssinie, devait être également connu des Égyptiens, puisque les Hébreux le connaissaient. De même le Baume proprement dit, βάλσαμον de Dioscoride, produit par le *B. gileadense* D. C., devait être connu dans l'ancienne Égypte. Toutes ces espèces de gommes-résines ont été retrouvées dans les tombes et se trouvent exposées dans nos musées égyptiens, mais elles n'ont pas encore été étudiées par des chimistes. Je pense que c'est au *Bdellium* ou au *Balsamum* que l'on doit rapporter la gomme-résine *Aham*, très souvent mentionnée dans les textes hiéroglyphiques parmi les produits des bords de la mer Rouge, et décrite en ces termes : « Encens exsudant d'un arbre et séchant sur place ; la couleur « en est rouge et l'on distingue à l'intérieur des masses de teinte « blanchâtre. » Une étude d'ensemble de tous les noms de gommes-résines mentionnées dans les textes égyptiens amène-rait, je crois, de très importants résultats.

ANACARDIACÉES

164. **Pistacia Terebinthus** L.

Le Térébinthe n'est pas nommé dans les textes égyptiens ; mais la résine que l'on en tirait, connue aujourd'hui sous le nom de térébenthine, se trouve citée dès les plus anciens temps de la royauté égyptienne. Son nom antique, *Sounter*, s'est conservé en copte sous la forme *Sonte*, *Sonti*. Pourtant, le mot *Sonti*, ordinairement rendu dans les *Scalæ* par « Résine », y sert aussi à désigner l'arbre arabe *Senoûbar* ou *Pinus halepensis* L. De sorte qu'on peut hésiter, pour la gomme-résine *Sounter*, entre le Térébinthe et le Pin d'Alep. Il faut pourtant remarquer que, d'après les inscriptions de Deir-el-bahari, les Égyptiens tiraient parfois le *Sounter* des bords de la mer Rouge (pays de Pount et de Tanouter). Or, le Pin d'Alep, que je sache, ne se rencontre pas dans ces régions.

165. **Pistacia Lentiscus** L.

L'arbre se nommait *Shoub* chez les anciens Égyptiens ; la résine que l'on en extrayait, et que l'on employait beaucoup en parfumerie, portait le nom de *Fatti*. Ces deux arbres croissaient dans l'antiquité, au dire des auteurs classiques, sur le littoral de toute la partie sud-est de la Méditerranée. Galien affirme même *(De facult. aliment.*, VII, p. 69) que le Lentisque croît en Égypte. La chose est possible, car la résine *Fatti* est mentionnée dans des textes de l'Ancien Empire (Pépi I, 491) et le *P. atlantica* DESF., dont le nom copte, d'après les *Scalæ*, est *Pi-terebinthos*, croît encore spontanément en Égypte.

RHAMNÉES

166. **Zizyphus Spina-Christi** WILLD.

Ce Jujubier égyptien est souvent mentionné dans les auteurs classiques. Presque tous nos musées d'Europe en possèdent des fruits trouvés dans les tombes égyptiennes. Les découvertes de Maspero à Gébéleïn ont fourni à Schweinfurth l'occasion d'étudier un grand nombre de fruits antiques de cet arbre. Une tombe de la XII⁰ dynastie, de la nécropole de Kahoun, a fourni à Fl. Petrie des fruits de Jujubier déposés comme offrande funéraire.

Le nom du Jujubier doit se trouver très fréquemment dans les textes égyptiens, mais je ne l'y ai pas encore reconnu. Cet arbre porte, dans les lexiques coptico-arabes, les noms κηναρι, κλη et χρωουνι, que je transcris en lettres grecques afin d'en mieux conserver l'aspect. Je n'ai pu retrouver la forme antique de ces mots coptes : il est donc très probable que les noms coptes du Jujubier ne dérivent pas de l'ancien égyptien. Il se pourrait que le nom hiéroglyphique du Jujubier fût *Nabas*.

Le *Nabas* est un arbre dont les fruits reviennent dans toutes les listes d'offrandes. On en faisait des pains, de même qu'on fait en Orient une sorte de pâte avec les Jujubes. Le nom du *Z. Spina-Christi* est *Sidr* en arabe; le nom du fruit est *Nabaq*, mot qui rappelle singulièrement l'égyptien *Nabas*.

AMPÉLIDÉES

167. **Vitis vinifera** L.

On sait depuis longtemps déjà que la Vigne était connue des anciens Égyptiens. Dès l'époque des pyramides, c'est-à-dire trois ou quatre mille ans avant notre ère, les peintures des tombeaux égyptiens nous retracent le tableau de la culture de la Vigne et de la fabrication du vin. Les tombes les plus anciennes contenaient, parmi les offrandes funéraires, des grains de raisin détachés de leur grappe.

Tous nos musées en possèdent, et les sépultures qu'on ouvre journellement ne cessent d'enrichir nos collections de spécimens antiques de ce fruit. Schweinfurth a trouvé récemment, dans un tombeau de Thèbes, des paquets de feuilles de Vigne en parfait état de conservation. Ces feuilles ont pu être amollies par l'eau tiède et étalées dans l'herbier pharaonique du Musée de Boulaq.

Une remarque est à faire au sujet des raisins déposés auprès des morts comme offrandes funéraires : tous ces raisins sont noirs et ont été détachés de leurs grappes avant d'être offerts. Peut-être peut-on en conclure qu'on les laissait sécher au soleil avant de les offrir aux défunts. On en a trouvé plusieurs espèces. Kunth décrit ainsi les raisins de la collection Passalacqua : « *Vitis vinifera* L , var. *monopyrena*, Chasselas ». Pourtant, Braun et Ascherson, qui ont examiné de très près ces raisins, et ont obtenu l'autorisation de les couper, déclarent qu'ils renferment *trois* graines, et non une seule. D'autres, au Louvre et au Musée de Leide, sont classés comme « Raisins de Damas » et « Raisins de Corinthe ». Newberry, dans les raisins rapportés par Fl. Petrie de la nécropole de Hawara, qui date de l'époque gréco-romaine, a reconnu le *V. vinifera* L., var. *corinthiaca*. Une tombe de la XIIe dynastie renfermait, d'après Schweinfurth, des raisins « appartenant à la variété noire à grosses baies recouvertes d'un duvet bleuâtre ». D'autres, provenant d'une tombe plus récente, découverte à Gébéleïn, sont ainsi décrits par le même auteur : « Raisins appartenant à une variété noire à peau épaisse et avec trois à quatre graines. Malgré leur état rétréci et le froncement profond de l'écorce, ils ont toujours 16 à 17 millimètres de longueur sur 10 à 11 de largeur. Les graines sont abruptement atténuées en pointe tronquée et mesurent en longueur, largeur et épaisseur, 7, 4 et 3 millimètres. Le sucre s'est parfaitement conservé dans la pulpe de ces raisins. » Quant aux feuilles de Vigne trouvées à Thèbes, « elles ne diffèrent pas », — écrit Schweinfurth, — « de l'espèce cultivée aujourd'hui en Égypte, mais à la surface intérieure elles sont couvertes d'un feutre de poils blancs, ce qui n'est pas le cas chez les variétés indigènes de la vigne que j'ai pu comparer jusqu'ici. » En somme, on voit que les Égyptiens connaissaient plusieurs variétés de raisins, qu'il serait intéressant de chercher à retrouver parmi nos variétés modernes.

D'après les représentations égyptiennes, la Vigne était toujours cultivée sur tonnelles ou sur treillages disposés dans les jardins en rangs parallèles assez espacés. Le jardin funéraire d'Anna, personnage de la XVIIIe dynastie qui fut enterré à Thèbes, renfermait, d'après le catalogue qui nous en est parvenu, quatre-vingt-dix Sycomores, cent-soixante-dix Dattiers, trois Mimosas, cinq Grenadiers, deux Moringas, etc., et douze Vignes.

Plusieurs vins égyptiens étaient célèbres à l'époque gréco-romaine. D'abord, le vin des côtes voisines d'Alexandrie, qu'on appelait vin maréotique ; puis le vin de Sebennytus, dans le Delta. Il était fourni par trois espèces de Raisins : le thasien, l'æthale et le peucé. La Vigne thasienne produisait un raisin très doux, relâchant le ventre. Un autre raisin égyptien, l'écbolas, passait pour provoquer les avortements. Athénée mentionne en outre les vins de Tanis, les vins de Thébaïde, particulièrement ceux de Coptos, et surtout le vin d'Anthylla, petite ville du Delta, voisine d'Alexandrie, vin qu'il place avant tous les autres.

·Le nom de la Vigne et du Raisin, en égyptien, est *Arouri*, mot conservé en copte sous la forme *Aloli*. Le Raisin séché au soleil se nommait *Ashep* ou *Shep*. Le Raisin vert, ou verjus, se nommait *Gangani*, en copte *Shelshëïli*. Le vin portait le nom de *Arp*. Voici les dix espèces de vin qu'il m'a été donné de relever en dépouillant les textes hiéroglyphiques : Vin blanc, Vin rouge, Vin supérieur, Vin second, Vin syénite, Vin du nord, Vin du centre, Vin *Tekhes*, Vin *Neha* et Vin *Sekhi*. La plupart de ces vins étaient déjà distingués à l'époque des pyramides.

AURANTIACÉES

168. Citrus Cedra Ferr.

Kunth, étudiant les fruits de la collection Passalacqua, avait cru pouvoir en attribuer un à l'Orange amère. La chose était curieuse, car c'est seulement au IXe siècle de notre ère, que l'on rapporte ordinairement l'apparition de l'Oranger dans la région méditerranéenne, et son nom grec, νεράνζιον, dont on ne connaît qu'un seul exemple, se trouve dans un texte dont la date est impossible à déterminer (SCOLIES DE NICANDRE, *Alexiph.*, 533). Malheureusement, un examen plus approfondi du fruit égyptien, fait plus tard par Braun, lequel avait obtenu la permission de le couper, a prouvé que ce fruit est tout simplement une vulgaire figue de Sycomore (A. BRAUN, *Die Pflanzenreste*, pp. 299-300).

Un second fruit, exposé au Musée du Louvre, est ainsi décrit dans le catalogue de Champollion (L., 165) : « Fruit du *Citrus medica*, L. » Cette détermination a été faite par le chimiste M. Bonastre, et confirmée plus tard par le botaniste Decaisne. Mais la provenance de ce fruit est inconnue, de sorte qu'on ne sait s'il appartient aux dynasties pharaoniques ou à l'époque gréco-romaine. Dans tous les cas, ce n'est pas du Citron qu'il s'agit ici, mais du Cédrat, car c'est le Cédrat et non le Citron que connaissaient les Grecs et les Romains et qu'ils nommaient χίτρον et *citrum*.

J'ai étudié très longuement la question dans une étude sur le *Cédratier dans l'antiquité*. Il résulte de cette étude, à laquelle je renvoie le lecteur, que le Cédrat paraît avoir été connu des Hébreux, dès le temps de Moïse, sous le nom de *Hadar ;* que l'arbre semble avoir été importé d'Asie en Égypte à l'époque de la XVIIIe dynastie ; que rien encore ne nous permet d'en déter-miner le nom hiéroglyphique ; enfin, que ses noms coptes, *Ghitré*, *Djedjré*, *Kétri* et *Kithri*, dérivent bien certainement d'un ancien nom égyptien et que, par conséquent, χίτρον et *citrum*, et, par suite, nos mots Cédrat et Citron, dérivent du nom que portait le Cédrat chez les anciens Égyptiens.

Il reste à souhaiter ardemment qu'un botaniste expert vienne élucider cette intéressante question en étudiant de très près le fruit exposé au Louvre et en établissant nettement l'espèce à laquelle il appartient.

OLACINÉES

169. **Balanites ægyptiaca** DEL.

Syn. *Ximenia ægyptiaca* L. Des fruits de cet arbre ont été reconnus par Schweinfurth dans les tombes de la XIIe et de la XXe dynastie. Fl. Petrie en a également découvert par centaines dans la nécropole de Kahoun, qui date de la XIIe dynastie. Il paraît même que ce fruit est, de beaucoup, en majorité parmi les fruits déposés à Kahoun en offrandes funéraires.

Il s'en trouve, provenant d'autres tombes, exposés dans tous nos musées égyptiens d'Europe, et une canne, exposée au Musée de Florence (n° 2692), est faite en bois de *B. ægyptiaca*. C'est dans cet arbre que Delile, qui a écrit un long mémoire à ce sujet, a voulu retrouver le Perséa des anciens. Schweinfurth voit dans le Perséa le *Mimusops Schimperi ;* Meyer, dans ses étude botaniques sur Strabon, y voit le *Dyospyros mespiliformis*. D'autres botanistes y voient d'autres arbres. C'est là une question pleine d'intérêt à coup sûr, mais qui me paraît bien difficile à éclaircir tant que des documents égyptiens ne nous auront pas tracé une voie nouvelle. Or, le nom hiéroglyphique du Perséa n'a jamais été reconnu avec certitude. Le mot *Shaouab*, que l'on traduit ordinairement par Perséa, me semble être une variante de *Shoub* et désigner par conséquent le Lentisque.

M. Maspero vient de consacrer une intéressante étude à l'arbre nommé *Ashed* dans les textes hiéroglyphiques et il l'identifie avec le *B. ægyptiaca (Proceed. of the Soc. of Bibl. Archæol.*, vol. XIII, pp. 498–501). J'avais vu dans l'*Ashed* le *Cordia Myxa* L., partageant ainsi, sans m'en douter, l'avis de M. Dümichen, avis qu'ont fait connaître ses élèves C. Moldenke et E. Lüring. Ce qu'il y a de certain, c'est que l'*Ashed* était un fruit que l'on mangeait sec plutôt que frais, d'après son déterminatif, qui est le même qui s'applique aux noms du Raisin et de la Figue, et qui représente des fruits séchant sur une corde.

SAPINDACÉES

170. Sapindus emarginatus VAHL.

M. Radlkofer, étudiant un fruit de la collection Passalacqua que Kunth n'avait pas réussi à identifier, y a reconnu le *S. emarginatus*. L'arbre pousse dans les Indes orientales et le fruit y sert à transformer l'eau en une émulsion savonneuse dont on fait usage soit pour la toilette, soit pour le nettoyage des étoffes précieuses. Peut-être ce fruit était-il, pour le même usage, importé d'Asie en Égypte par l'intermédiaire des commerçants arabes (A. BRAUN, *Die Pflanzenreste*, p. 307).

TILIACÉES

171. **Oncoba spinosa** FORSK.

Un noyau ligneux et rond, montrant à l'intérieur les restes de huit à dix loges placentaires, a été déterminé avec réserve, par Schweinfurth, comme provenant de l'*O. spinosa*, arbre de l'Arabie-Heureuse et de l'Afrique intertropicale. Ce fruit a été trouvé à Thèbes dans une tombe de Drah-abou'l-neggah.

172. **Tilia europæa** L.

Théophraste nous apprend que le Tilleul croissait autrefois en Égypte *(Hist. plant.*, IV, 8, 1-2). Fl. Petrie en a, en effet, retrouvé des reste dans la nécropole gréco--romaine de Hawara, au Fayoum. Le nom du Tilleul n'a pas encore été, à ma con-naissance, rencontré en copte.

173. **Elæocarpus serratus** L.

Cet arbre est originaire des Indes orientales. Il a été retrouvé, dans la même nécropole de Hawara, par Fl. Petrie, et identifié par M. Newberry.

MALVACÉES

174. **Alcea ficifolia** L.

Des fleurs de cette plante entraient dans la composition des guirlandes mortuaires d'Ahmès I et d'Aménophis I. On ren-contre encore l'*A. ficifolia* dans quelques anciens jardins arabes d'Égypte.

Il semble y redevenir sauvage, et Schweinfurth en conclut que la plante fut introduite d'Asie en Égypte, longtemps cultivée par les sujets des pharaons, et qu'elle disparait peu à peu aujourd'hui.

175. Gossypium herbaceum L.

Nous savons par Pline *(Hist. nat.*, **XIX**, 2) que les Égyptiens connaissaient le Cotonnier, Pollux *(Onomast.*, VII, 75-76), qui nomme le Cotonnier « Arbre à laine », nous apprend également qu'on le cultivait en Égypte, et Virgile *(Georg.*, II, 118-120) fait allusion à l'espèce nilotique dans les vers suivants :

> Quid tibi odorato referam sudantia ligno
> Balsamaque et baccas semper frondentis acanthi ?
> Quid nemora Æthiopum molli canentia lana ?

Pline et Pollux affirment que les Égyptiens en tissaient des vêtements, et Hérodote nous dit que les bandelettes des momies étaient faites en Coton. En étudiant au microscope les bande‑ lettes qui nous sont parvenues, on a constaté que la plupart étaient en Lin, mais on en a reconnu quelques‑unes qui étaient en Coton. Enfin, des graines trouvées dans une tombe égyptienne et exposées au musée de Florence sont cataloguées sous ce titre : « Un vasetto ripieno dei semi del cotone », et le Dr P. Hannard les a identifiées au *G. religiosum* L. Le Coton était donc connu des anciens Égyptiens. Le nom hiéroglyphique n'en a pas encore été déterminé.

L'espèce cultivée aujourd'hui en Haute‑Égypte est le *G. her‑ baceum*, et je suppose d'après cela que c'est la même espèce qui a été cultivée dans l'antiquité. Pourtant, une espèce plus com‑ mune encore par toute l'Égypte, le *G. barbadense* L., porte en arabe le nom de *Qotn el-ashmouni* ou « Coton de Pano‑ polis ». Or, on sait que Panopolis était, par excellence, la ville des tisserands. Peut‑être cette espèce était‑elle celle, ou une de celles, que cultivaient les anciens Égyptiens. On a supposé que le Byssus des anciens était le Coton, mais cette identification demande à être confirmée par des preuves scientifiques.

176. **Hibiscus Trionum** L.

Parmi les plantes rapportées de la nécropole gréco-romaine de Hawara, il en est que M. Newberry attribue avec doute au genre *Hibiscus*. Ce genre est représenté aujourd'hui en Égypte, d'après la Flore de Schweinfurth, par le *H. Trionum* L., qui est le plus fréquent ; par le *H. cannabinus* L., qui est cultivé comme plante textile et subspontané en quelques endroits ; enfin, par le *H. verrucosus* G. P. R., que l'on n'a rencontré que dans l'île de Philæ.

LINÉES

177. **Linum humile** Mill.

Nous venons de voir que presque toutes les bandelettes de momies que l'on a étudiées au microscope se trouvaient être en Lin. Des capsules de Lin ont été trouvées par Schweinfurth dans des tombes de la XIIe et de la XXe dynastie. Unger en a également reconnu des fragments parmi les débris végétaux qui se trouvaient dans une brique de la pyramide de Dashour. Unger a identifié ces fragments au *L. usitatissimum* L. ; mais Schweinfurth, qui, au lieu de menus fragments, a pu observer près de 15 hectolitres de capsules fort bien conservées, a reconnu que le Lin des anciens Égyptiens était le *L. humile*, espèce qui est encore, du reste, la seule que l'on cultive en Égypte. Il n'y a donc pas de doute à avoir sur l'espèce que connaissaient les sujets des pharaons. On doit cependant faire à ce prpoos certaines réserves. Des graines de Lin ont été découvertes par Fl. Petrie à Hawara (époque gréco-romaine) et à Kahoun (XIIe dynastie)· Or, M. Newberry rapporte toutes les graines de Hawara au *L. humile*, mais, sur les 163 graines qui se sont rencontrées à Kahoun, mêlées accidentellement à de l'Orge, il en a déterminé 30 comme appartenant au *L. humile*, et 133 comme appartenant à une espèce plus petite de *Linum*. D'autre part, Braun, étudiant

trois graines de Lin du Musée de Berlin *(Die Pflanzenreste,*
p. 290) considère deux d'entre elles comme provenant du
L. humile, et la troisième comme provenant du *L. angusti-*
folium HUDS.

Le Lin est souvent mentionné dans les traités de médecine,
mais on l'employait principalement pour le filage et le tissage.
Son nom égyptien, que l'on retrouve dans un grand nombre de
textes, est *Mâhi*, et ce nom s'est conservé intact en copte.

CARYOPHYLLÉES

178. **Lychnis Cœli-Rosa** L.

Cette plante a été reconnue par M. Newberry, parmi les végétaux rapportés par Fl. Petrie de ses fouilles dans la nécropole
gréco-romaine de Hawara, au Fayoun. Le *L. Cœli-Rosa* ne se
rencontre plus de nos jours en Égypte, où, du reste, on ne connaît
aucune espèce de Caryophyllée.

CAPPARIDÉES

179. **Mærua uniflora** VAHL.

Dans une tombe de Gébéleïn, Schweinfurth a reconnu des
baies et des graines de cet arbre. Le *M. uniflora*, qui atteint
parfois de 15 à 20 mètres de haut, se trouve encore dans le désert
oriental de la Haute-Thébaïde, ainsi que dans les oasis liby-
ques. Son nom est *Morgam* en Égypte, *Mérou* chez les Arabes
du Hedjaz, et *Kamób* chez les Bisharis.

RÉSÉDACÉES

180. **Reseda odorata** L.

Le *R. odorata* n'est que cultivé, aujourd'hui, dans les jardins égyptiens. La culture antique en est démontrée par la découverte de fragments de la plante dans la nécropole gréco-romaine de Hawara.

CRUCIFÈRES

181. **Raphanus sativus** L.

Unger place le Radis parmi les plantes de l'Égypte ancienne, d'abord d'après un passage d'Hérodote qui nous indique la quantité de Radis que consommèrent les constructeurs des pyramides, ensuite, d'après des représentations égyptiennes dans lesquelles il a reconnu la figure de la plante. L'existence du Radis est confirmée, pour l'Égypte ancienne, par ce fait que deux Radis ont été découverts dans l'antique nécropole de Kahoun (XIIe dynastie). Le Radis porte, dans les *Scalæ*, le nom de *Pi nouni*, qui répond très probablement à une plante hiéroglyphique nommée *Noun* et assez souvent mentionnée dans les textes. Un autre nom copte, que donnent également les *Scalæ*, est *Rapanon*, mot d'origine grecque.

182. **Raphanus Raphanistrum** L.

Des fragments de cette espèce de *Raphanus* ont été reconnus par Unger dans une brique de la pyramide de Dashour.

183. **Brassica oleracea** L.

Le Chou a été retrouvé par M. Fl. Petrie dans la nécropole gréco-romaine de Hawara, au Fayoum. Le nom du Chou, dans les *Scalæ*, est *Krambe*, qui est le grec κράμβη, ou *Shlôdj*, quelquefois écrit *Ghlogh*, qui est bien d'origine antique. Mais on peut croire que le sens de *Shlôdj* est un peu vague, car les mêmes *Scalæ* traduisent ce nom par *Iaqlin*, nom arabe d'une espèce du genre Courge (voir plus haut, n° 126). Une *Scala* coptico-gréco-arabe donne au mot *Pi-hlit*, entre autres nombreux sens, celui de κράμϐη. Une autre *Scala*, d'Oxford, donne au Chou le nom copte de *Pi-shshïou*.

184. **Enarthrocarpus lyratus** D. C.

Une tombe de Drah-abou'l-neggah contenait, au dire de Schweinfurth, quelque siliques de l'*E. lyratus*. D'autres débris de cette plante, trouvés par le même auteur dans une tombe de Thèbes, lui paraissent ne pas être antiques.

185. **Sinapis arvensis** L.

Des silicules de cette plante se trouvaient en assez grande quantité au milieu de capsules de Lin provenant d'une tombe de la XIIᵉ dynastie. Schweinfurth les attribue à la variété *Allionii* Jacq. Le *S. arvensis* est encore très abondant dans les champs égyptiens.

186. **Zilla myagroides** Forsk.

Cette espèce de Crucifère a été rapportée par Fl. Petrie de ses fouilles dans la nécropole de Hawara, et déterminée par M. Newberry. Le *Z. myagroides* est encore très abondant de nos jours par toute l'Égypte.

187. **Matthiola Librator** Newb.

Des fleurs de cette espèce ont été découvertes dans la même nécropole. Le *M. Librator* ne se rencontre pas de nos jours en Égypte, où les seules espèces de *Matthiola* recueillies par Schweinfurth sont le *M. incana* R. Br,, qui est cultivé, et les *M. acaulis* D.C. et *M. livida* D.C., que l'on trouve à l'état spontané.

188. **Didesmus tenuifolius** Del.

Une brique d'El-Kab, étudiée minutieusement par Unger,

renfermait un grand nombre de fragments de cette plante. La seule espèce du même genre que l'on rencontre de nos jours en Égypte est, d'après Schweinfurth, le *D. ægyptius* L.

189. **Lepidium sativum** L.

Le Cresson alénois est de nos jours naturalisé en Égypte, où il porte le nom arabe de *Reshâd*. Or, à ce mot *Reshâd* correspond, dans les *Scalæ*, le copte *Pi-ghlêimi*, qui est bien certainement d'origine égyptienne, ce qui nous prouve que le *L. sativum* était connu des anciens Égyptiens. En fait, Migliarini a rapporté à cette espèce un certain nombre de graines exposées au Musée égyptien de Florence (n° 3624).

PAPAVÉRACÉES

190. **Papaver somniferum** L.

Unger range le Pavot au nombre des plantes antiques de l'Égypte en s'appuyant sur un passage de Pline qui indique que l'Opium était connu des anciens Égyptiens. M. Lüring attribue au Pavot le nom égyptien de *Shepen*, mais, ce me semble, sans en donner des raisons bien convaincantes.

191. **Papaver Rhœas** L.

« Lange bekannt in Ægypten », écrit simplement Unger au sujet du Coquelicot. Cette assertion se trouve confirmée par la découverte de nombreuses fleurs de Coquelicot qui formaient l'une des guirlandes mortuaires de la princesse Nesi-Khonsou (XXIIe dynastie). Fl. Petrie a également retrouvé le Coquelicot à Hawara et, ce qui est plus intéressant, à Kahoun, nécropole de la XIIe dynastie.

L'espèce égyptienne répond à la variété *α genuinum* Boissier, que l'on retrouve encore en Égypte, surtout dans les environs d'Alexandrie, et qui fleurit en mars et en avril.

NYMPHÉACÉES

192. **Nelumbium speciosum** WILLD.

Cette Nymphéacée nous est soigneusement décrite par tous
les auteurs classiques qui se sont occupés de l'Égypte. Ses fruits,
comparés par Théophraste à des pommes d'arrosoir percées de
trous nombreux, ses fleurs aux pétales rosés, qu'Hérodote nomme
Lis roses du Nil, ses feuilles peltées, arrondies et creuses, en
forme de pétase ou chapeau rond, d'après la description de Strabon, sont autant de caractères bien tranchés qui ne peuvent se
rapporter qu'au *N. speciosum*. Il est donc bien certain que cette
plante était connue des anciens Égyptiens.

Cela dit, je dois avouer que jamais la plante n'a été retrouvée
que dans les tombes gréco-romaines de la nécropole de Hawara
et que jamais, pour ma part, je ne l'ai vue figurée sur les monuments. Il y a à cela une double raison. Le Lotus rose était
considéré comme une plante sacrée, de même qu'il l'est encore
en Extrême-Orient, où les piédestaux de presque toutes les statues divines ont la forme d'un *Nelumbium*. Les Fèves qu'il
était interdit de manger, de l'avis unanime de tous les auteurs
classiques, ne pouvaient être nos Fèves ; la preuve en est que
l'on a retrouvé des Fèves dans les tombes égyptiennes, que les
Fèves sont citées fort souvent dans les textes médicaux, et qu'enfin Ramsès III en offrait des quantités considérables aux prêtres
de Thèbes. Les Fèves interdites ne pouvaient guère être que les
fruits sacrés du *N. speciosum*, plante que la plupart des auteurs
grecs, du reste, nomment précisément κύαμος αἰγύπτιος. On com-
prend que c'est là l'unique motif qui a empêché de retrouver des
restes desséchés du Lotus rose dans les tombes d'époque pharaonique. Hérodote, pourtant *(Hist.*, II, 92), nous dit qu'il a vu
manger en Égypte les graines, sèches ou fraîches, du Lis rose
du Nil. Peut-être étaient-ce des gens peu dévots qui lui donnaient ce spectacle.

Quant à l'absence de la figure du Lotus rose sur les monuments égyptiens, elle tient à une cause toute spéciale. Le seul Lotus sacré était le rose ; le blanc *(Nymphæa Lotus* L.) et le bleu *(N. cærulea* Sav.) pouvaient servir aux usages ordinaires de la vie. Le Lotus sacré est souvent figuré sur les monuments et, en réalité, ce ne peut être que le rose, mais un botaniste sceptique ne l'y reconnaîtrait pas. Les pétales y sont peints de toutes les couleurs, unis ou ornés de bandes multicolores ; les feuilles n'y ont aucun caractère précis. Il est évident que les artistes égyptiens, ayant à représenter une fleur sacrée, se sont cru permis de l'enjoliver à leur fantaisie, aussi bien pour la forme que pour la couleur. De là vient que nous ne possédons pas une seule représentation dans laquelle on puisse voir, au point de vue botanique, un Lotus rose réel. Quant aux Lotus roses de convention, ils abondent en peinture et en sculpture ; les chapiteaux de presque toutes les colonnes égyptiennes en ont la forme. Pourtant, Unger affirme, d'après le témoignage d'un de ses amis, qu'il existe au Bristish Museum un monument sur lequel est figuré le N. *speciosum* avec des caractères bien définis, fruits en forme de cône renversé et feuilles peltées. Mais ce monument, ajoute-t-il, est d'époque gréco-romaine.

Si le Lotus rose, réel ou figuré, n'a presque jamais été retrouvé en Égypte, son nom hiéroglyphique, au contraire, se rencontre dans la plupart des textes religieux. Ce nom est *Neheb* à l'origine, et s'adoucit plus tard en *Nekheb* et *Nesheb*. L'exemple le plus ancien que j'en connaisse date de l'Ancïen Empire. Il se trouve dans les textes funéraires de la pyramide de Pépi I (col. 440).

Le *Nelumbium* surmontait la coiffure du dieu Nefer-Toum. Mais son emploi religieux le plus répandu était de servir de berceau au jeune Horus, dieu symbolisant le soleil levant. On sait que la plupart des fleurs de Nymphéacée se ferment le soir et rentrent parfois sous l'eau pendant toute la nuit. C'est cette propriété qui a valu au *N. speciosum* le rôle important qu'il joua dans la religion égyptienne, surtout dans le mythe solaire.

Cette fleur était considérée comme le symbole du soleil levant et, pour cette raison, était consacrée à Horus.

Le *N. speciosum* a, de nos jours, complètement disparu de l'Égypte ; on ne le trouve plus que dans l'Asie orientale. Mais Schweinfurth nous met en garde contre la conclusion qu'on pourrait tirer de cette disparition, au sujet d'une modification du climat égyptien depuis les temps pharaoniques : si le *Nelumbium* ne se rencontre plus en Égypte, c'est qu'on ne l'y cultive plus ; dans quelques jardins du Caire, d'Alexandrie et d'Ismaïliah, où on a eu l'idée de le planter, il vient parfaitement, de même que le Papyrus, sans qu'on ait besoin d'en prendre le moindre soin.

D'après Ibn-Baithar, le *N. speciosum* porte en arabe le nom de *Ghâlâloûthâ* et de *Fâlis qobthî* ou *Bâqilâ qobthî*, « Fève copte ». Les Égyptiens, d'après le même auteur, lui donnent le nom arabe de *Gâmisah*.

193. **Nymphæa Lotus** L.

Dès les premières dynasties, on trouve le Lotus blanc représenté sur les monuments. Dans l'un des tableaux copiés dans la nécropole de Memphis et exposés au Musée Guimet sont figurés des bateliers se livrant à une lutte sur les eaux d'un canal. Sous les bateaux sont peints des poissons, des anguilles, des limaces, des grenouilles, et des *N. Lotus ;* tous les détails de la plante sont très fidèlement rendus : pétales blancs, sépales au nombre de quatre, feuilles arrondies, fendues, fruits en forme de capsule de Pavot. Le *N. Lotus* était donc connu, en Égypte, dès le temps des pyramides.

D'autre part, des fleurs entières et bien conservées du Lotus blanc ont été trouvées dans les tombes. Ces fleurs formaient l'une des guirlandes dont était couverte la momie de Ramsès II. On en a même recueilli dans une nécropole de la XIIe dynastie, à Kahoun.

Cette plante est souvent nommée dans les textes. On l'employait

8

en médecine comme réfrigérante. On en faisait d'immenses bouquets dont on décorait les salles de festin. Les femmes, en visite, en tenaient toujours des fleurs à la main et souvent en ornaient leur coiffure.

Il n'est pas rare de voir, surtout à l'époque des Ramessides, des femmes coiffées d'un diadème d'or autour duquel s'enroulent en spirale des pédoncules de *N. Lotus* dont les fleurs viennent gracieusement retomber sur le front, presque jusqu'aux yeux. La souche tubéreuse de la plante se mangeait grillée ou bouillie. Les graines se mangeaient également et, en les pilant, on en faisait une sorte de pâtisserie dont nous parle Hérodote, et que nous trouvons mentionnée dans les inscriptions égyptiennes.

Le nom égyptien du Lotus blanc est intéressant par ce fait qu'il s'est conservé jusqu'à nos jours. Ce nom est *Soushin*. L'hébreu *Shóshan*, le copte *Shóshen*, l'arabe *Sousan* dérivent directement du mot égyptien; mais, par un hasard singulier, ils n'en ont pas conservé la signification. Ces mots, en effet, désignent le Lis blanc; l'arabe *Sousan* s'applique en plus, d'après Delile et Schweinfurth, au *Pancratium maritimum* L.

La chose est aisée à expliquer. Les Hébreux, n'ayant pas de Lotus dans leur pays, et ne pouvant par conséquent faire de confusion, employèrent pour désigner le Lis le mot égyptien qui, sur les bords du Nil, s'appliquait au Lotus blanc. Les Arabes, désignant le Lotus par l'expression poétique *Arousat-el-Nil*, « Fiancée du Nil, » pouvaient attribuer le mot *Sousan* à d'autres plantes. Enfin, le copte *Shóshen* ne se trouve que dans la Bible, où il rend l'hébreu *Shóshan;* dans d'autres textes, il pourrait s'appliquer au Lotus. De nos jours, le nom de Lis s'applique aux mêmes plantes : le Nénuphar blanc se nomme communément *Lis des étangs*, et la dénomination vulgaire du *P. maritimum* est *Lis Mathiole*.

Mais là ne s'arrêtent pas les dérivés de l'égyptien *Soushin*. On sait que notre nom propre Suzanne est un nom biblique. La fameuse Suzanne aux deux vieillards porte en hébreu le nom de *Soushannah*, mot formé du nom du Lis. De même, chez les

Égyptiens, *Soushin* était employé comme nom propre. Le catalogue des monuments découverts par Mariette à Abydos nous en fournit deux ou trois exemples. Les Égyptiennes de la XII° dynastie se sont donc, comme nos contemporaines, appelées Suzanne ; des hommes même, sous les pharaons, portaient ce nom. Le mot se retrouve en grec et en latin. Σοῦσον, *Susinum* désignent le Lis. Les adjectifs σούσινον, *susinatum* s'appliquent à des préparations dans lesquelles entre le Lis. Le mot existe même en français. Je me rappelle avoir vu mentionné, dans un passage d'Ambroise Paré dont je n'ai malheureusement pas pris note, le *Vinaigre susinat*. Enfin, de nos jours, le Lis se nomme *Azucena* en espagnol, et il est facile de voir l'étymologie de ce mot.

Le *N. Lotus*, si connu des anciens Égyptiens, n'a pas disparu de l'Égypte. On l'y retrouve encore dans les eaux peu mouvementées des canaux et au milieu de mares laissées par l'inondation du Nil. Mais les Égyptiennes n'en ornent plus leur coiffure, et je suppose qu'il ne sert plus à l'alimentation.

Un fait curieux, qu'il importe de faire remarquer, est l'emploi du mot copte *Shóshen* dans les *Scalæ*. Ce nom répond bien, philologiquement, à l'hébreu *Shóshan* et à l'arabe *Sousan*. Il est d'ailleurs partout employé, dans les traductions bibliques, comme équivalent de l'hébreu *Shóshan* et du grec κρίνον. Mais il en est autrement dans les *Scalæ*. Toutes portent (KIR., 179) :

OU-KHRINON	=	*Sousân,*
SHOSHEN	=	*Khazâm,*
OU-TROKONTÊS	=	*Noûfar.*

D'où il résulterait que le *Shóshen* n'est ni le Lis, qui porte en copte le nom grec de *Khrinon* (κρίνον), ni le Nénuphar, qui porte dans la même langue le nom de *Trokontês*, d'apparence grecque. Le *Shóshen* serait le *Khazâm* des Arabes. Or, c'est là, comme on va le voir, une plante assez difficile à déterminer.

Tous les dictionnaires arabes traduisent *Khazâm* par « La-

vande ». Forskal, également, attribue au *Lavandula Spica* L.
le nom arabe de *Khazâmah (Descr. animal.*, p. 147). Mais
Schweinfurth *(Flore*, n° 119) donne *Khouzâmeh* comme nom
populaire, en Égypte, du *Reseda pruinosa* DEL., et Forskal
(Flora ægypt.-arabic., p. CXVI) cite *Khazâm* comme nom
du *Cleome ornithopodioides* L. Ibn–el–Awam (XXVII, 15),
d'après Ibn–el–Fasel, considère la plante *Khazâm, Khazâmi,
Khazâmah* comme un *Sousân* bleu, autrement dit comme un
Lis bleu; le *Sousân* bleu, dans Aboulqasim–el–wizir, est un
Iris à fleurs bleues. El–Temîmy, cité par Ibn–Baithar, fait un
rapprochement analogue, entre le *Sousân* et le *Khazâmi*, au
sujet de la plante *Rîhân–el–kâfoûr* qui, dit–il, se nomme
Sousân en Perse et porte des fleurs absolument semblables à
celles du *Khazâmi*. Enfin, Ibn–Baithar voit dans le *Khazâmi*
(t. I, p. 365), d'après Abou-Hanifah, « une Giroflée *(Kheiri)*
sauvage, à longues tiges, à petites feuilles, à fleurs rouges, d'une
odeur incomparable, disposées comme celles du Henné *(Lawsonia inermis* L.), et croissant dans les endroits sablonneux
ainsi que dans les jardins ». On se demande, après cela, ce que
peut bien être le *Shôshen-Khazâm*. En y voyant le Lis bleu ou
Iris, on se rapprocherait du sens ordinaire du mot *Sousân*, qui
s'applique à des Lis de plusieurs couleurs.

Ce qui nous rapproche davantage du *Soushin* hiéroglyphique,
c'est que Forskal *(Descr. animal.*, p. 148) donne *Shnîn* comme
nom égyptien moderne du *Noûfar* ou *Nymphæa*. Seulement, je
me demande s'il n'y a pas en cet endroit une faute d'impression
et si l'on ne doit pas lire *Bashnîn*, nom qui, d'après tous les
auteurs arabes, s'applique au rhizome du *N. cærulea*.

194. **Nymphæa cærulea** SAV.

Athénée (XV, 21) est le seul auteur ancien qui nous parle du
Lotus bleu. Il le nomme λωτὸς κυάνεος, et le décrit en ces termes :
« Les Lotus égyptiens sont de deux sortes et se distinguent par
leur couleur. L'un est semblable à la rose et sert à faire les

couronnes nommées *Couronnes Antinoïennes;* l'autre, que
l'on appelle λώτινος, est de couleur bleue. » Le Lotus bleu se
retrouve encore en Égypte et a été décrit soigneusement par
Savigny *(Descr. d'Égypte,* III, 74), qui lui a donné son nom de
N. cærulea; il n'y a donc pas de doute à avoir sur l'espèce à
laquelle Athénée fait allusion.

Cette plante a été retrouvée dans les tombes par Schweinfurth
et par Fl. Petrie. Certaines momies portent, passant sous les
bandelettes extérieures, des pédoncules entiers de *N. cærulea*
surmontés de leurs fleurs. Les pétales détachés entraient dans
les guirlandes. Schweinfurth a même remarqué une guirlande
formée de branches de Céleri et de pétales de Lotus bleu appartenant à une variété naine, non retrouvée de nos jours. Unger
cite plusieurs représentations du *N. cærulea* sur les monuments
égyptiens. Des personnages, peints dans des tombeaux de l'Ancien
Empire, portent au cou des Lotus bleus. Quelques-uns des Lotus
multicolores, dus à la fantaisie des peintres pharaoniques, semblent, par leurs fleurs en forme de pyramide renversée, se rapprocher du Lotus bleu; mais là s'arrête la ressemblance, la teinte
n'a aucun rapport avec celle du *N. cærulea.*

Le nom de cette plante, en hiéroglyphes, est *Sarpat.* Le mot
n'est pas fréquent; j'en ai pourtant recueilli cinq ou six exemples.
On n'en trouve pas trace en copte. En hébreu, il existe un nom
de plante *Sirpad* qu'on pourrait, d'après sa forme, rapprocher
de *Sarpat;* mais il n'a nullement le sens du mot égyptien et il
y a peut-être là un cas analogue à celui dont nous avons parlé
au sujet du Lotus blanc. D'ailleurs *Sirpad* ne revient qu'une
seule fois dans la Bible *(Isaïe,* LV, 13); les Septante le traduisent par κόνυζα, et la Vulgate par *Urtica.*

195. **Nymphæa stellata** WILLD.

Delile, dans l'explication des planches de la *Description
d'Égypte* (t. XIX, p. 422), divise le *N. cærulea* en deux
variétés. L'une, à grandes fleurs d'un diamètre moyen de $0^m,12$,

est le *N. cærulea* SAV., synon. *Castalia scutifolia* SALISB. L'autre, qu'il qualifie « *Variet.* minor », est le *N. stellata* WILLD., synon. *Castalia stellaris* SALISB. Touś les nomenclateurs distinguent également le *N. cærulea* du *N. stellata*. Tout récemment, H. Baillon *(Hist. des plant.,* t, III, p. 99), établit la même distinction. Les deux espèces sont cultivées dans la serre des Nymphéacées du Jardin botanique de Lyon. Je les ai soigneusement mesurées. La première a les quatre sépales extérieurs de $0^m,10$, les pétales de $0^m,085$, les feuilles de $0^m,32$. La seconde à les sépales de $0^m,05$, les pétales de $0^m,04$, les feuilles de $0^m,22$. Enfin, le nombre des rayons du stigmate diffère entre les deux espèces. Je crois donc que c'est à tort que, dans leur *Illustration de la Flore d'Égypte* (p. 36, n° 18), MM. Ascherson et Schweinfurth ont fait de *N. stellata* un synonyme de *N. cærulea.*

Ce n'est pas qu'au point de vue botanique la chose ait bien grande importance, mais il peut en être autrement au point de vue égyptologique. Les noms de *Nymphæa* sont tellement nombreux dans les textes que nous nous ne trouverons jamais assez d'espèces pour satisfaire nos exigences lexicographiques. Or, M. Schweinfurth lui-même a remarqué, dans le cercueil d'un nommé Kent, enseveli à Sheikh-abd-el-gournah sous la XXe dynastie, une guirlande formée, en partie, « de pétales et de fleurs naines et choisies exprès de lotus bleu, *Nymphæa cærulea* SAV. *(Les dernières découvertes,* p. 57) ». Je ne doute pas que nous n'ayons ici un spécimen antique du *N. stellata* qui, en effet, atteint à peine, comme taille, la moitié de celle du *N. cærulea.* Cette division du Lotus bleu en deux espèces nous permettra de caser un des nombreux noms de Lotus dont nous ne savons que faire.

Peut-être même une cinquième espèce de *Nymphæa* pourra-t-elle être attribuée à l'antiquité pharaonique, car : « Bei Da-miette hat ROHRBACH 1856 Exemplare der letztgenannten Spezies *(N. cærulea)* und eine Varietät derselben mit ungefleckten Kelchblättern *(N. stellata* W.?), ebenso SIEBER und EHRENBERG

eine weissblütige Abart, *N. cærulea* Sieber. » (F. Wœnig,
Die Pflanz. im alt. Ægypt., pp. 33-34).

MÉNISPERMÉES

196. **Cocculus Leæba** G. P. R.

Cette plante a été retrouvée par Schweinfurth dans une tombe
de Gébéleïn où reposait Ani, personnage de la XXᵉ dynastie.
Voici en quels termes il décrit cette trouvaille : « Beeren von
Cocculus Leæba D., einem in den ägyptischen Wüsten ausge-
breiteten, noch heute häufigen, namentlich aber in Nubien
sehr stark entwickelten schlingenden Strauche. Diese Art war
bisher noch nirgends unter den pflanzlischen Gräberfunden ver
treten gewesen. »

RENONCULACÉES

197. **Delphinium orientale** Gay.

Cette plante n'existe plus aujourd'hui en Égypte. On l'a trouvée dans le cercueil d'Ahmès I (XVIIIᵉ dynastie), où ses fleurs
étaient disposées en guirlande et avaient encore, après trois
mille ans, conservé dans toute sa vivacité leur couleur violet
pourpré.

198. **Delphinium Ajacis** L.

D'après W. Pleyte *(Bloemen en planten uit Oud-Egypte,*
p. 12), le *D. Ajacis* aurait été découvert, en 1881, parmi des
restes végétaux trouvés dans des tombes de Thèbes. Le *D. Ajacis*
est indiqué dans la Flore de Schweinfurth comme cultivé et parfois subspontané dans l'Égypte actuelle.

199. **Anemone coronaria** L.

Cette plante existe de nos jours en Égypte. Les *Scalæ* lui

donnent le nom grec coptisé de *Anemoné*. Horapollon nous affirme que la fleur de l'Anémone est employée dans l'écriture hiéroglyphique : Ἄνθη δὲ ἀνεμώνης, νόσον ἀνθρώπου σημαίνει *(Hierogl.*, II, 8), « la fleur de l'Anémone désigne la maladie de l'homme ». L'*A. coronaria* est la seule espèce du genre que l'on rencontre de nos jours en Égypte.

200. **Nigella sativa** L.

Cette plante est, de nos jours, cultivée, et même subspontanée en Égypte. Braun en a reconnu des graines mêlées par hasard à des graines de Lin qui se trouvent exposées au Musée de Berlin *(Die Pflanzenreste*, p. 290).

CRYPTOGAMES

201 **Usnea plicata** HOFFM.

Quelques fragments de cette espèce de Lichen ont été observés par J. Müller au milieu d'une certaine quantité de *Parmelia furfuracea* découverts dans la cachette de Deir-el-Bahari.

202. **Parmelia furfuracea** ACH.

Lichen trouvé en grande quantité dans des cercueils de la XXII⁰ dynastie et identifié par J. Müller. Ce Lichen, au dire de Schweinfurth, se vend beaucoup dans les marchés du Caire, sous le nom de *Shibah ;* on le fait venir des îles de l'Archipel. Forskal, qui a vu au Caire un Lichen analogue, portant le même nom arabe, le *Lichen Prunastri* L., nous en indique l'usage en ces termes *(Flor. ægypt.-arabic.*, p. 193) : « Lichen hic Ægypti indigenus non est ; singulari tamen attentione dignus, propter usum in re pistoria. Nescit Ægyptus artem Cerevisiam more Europæo parandi ; hinc et Fermentum ignorat. *Chamír* ejus locos adhibetur, quæ massa est panis non cocta, et levissime acescens. Hæc mixta cum farina subacta, fermentationem producit. In hoc secreto primum deceptus fui. Plurimum audivi nomen *Shibah*, herbæ cujusdam, mihi ignotæ, sine cujus admixtione nullus conficitur panis. Allata mihi fuit Artemisia (absinth.) quam eodem nomine denotant Arabes, propter colorem cinerascentem ; significat enim Shibah *capillos canos*. Verum tamen exemplar obtinui, et admirabundus agnovi plantam Hyperboream. Totis navium oneribus Alexandriam advehitur ex Archipelago, et præsertim Insula *Stanchio*. Rosettæ, Káhiræ et aliis locis distribuitur. Hujus Lichenis manipulo aqua per duas horas imbuitur ; quæ pani azymo adjecta gustum conciliat peculiarem et Turcis deliciosum. *Lichen furfuraceus* quoque in usu est, sed parcior affertur. »

Peut-être les anciens Égyptiens, eux aussi, employaient-ils ce Lichen pour faire lever la pâte, et est-ce pour cette raison qu'on l'a trouvé en telle quantité dans les sépultures pharaoniques. Le levain, ζύμη, *fermentum*, se nomme en copte *Thab*, *Kób*, *Kóp* et *Shemêr*, mot qui répond exactement à l'arabe *Chamîr (Khamîr)* cité par Forskal. Il est probable que l'un de ces noms s'appliquait chez les Égyptiens au *P. furfuracea*, mais je n'en ai encore retrouvé aucun dans les textes hiéroglyphiques.

Les *Scalæ* donnent comme traduction copte de l'arabe *Shibah : Phrion*, qui est le grec βρύον, « mousse », et *Phillira*, qui est probablement, mais avec une modification de sens, une transcription du grec φιλύρα, « pellicule sous la première écorce du tilleul ».

INDEX DES NOMS FRANÇAIS

ET DES NOMS DE FAMILLES

Nota. — Dans tous ces index, les chiffres qui suivent les noms se rapportent aux numéros d'ordre des espèces. Il n'y a d'exception que pour les noms des familles, dont les numéros se rapportent aux pages. Enfin, pour les noms français, je n'ai renvoyé qu'au premier des différents articles qui sont consacrés à un même genre. Le Souchet, par exemple, pour lequel je ne renvoie qu'au n° 25, est traité du n° 25 au n° 31.

INDEX DES NOMS SCIENTIFIQUES

INDEX

DES NOMS HÉBREUX, ARABES ET COPTES

[1] L'Index arabe a été obligeamment composé par l'Imprimerie nationale. — Les astérisques servent à distinguer les noms vulgaires.

III. INDEX COPTE

INDEX DES NOMS HIÉROGLYPHIQUES

Aham. Voir

Agagi. Partie interne de la tige du Roseau. 6.

Ab. Laitue ? *Lactuca sativa* L. 113.

Ammisi. Aneth. *Anethum graveolens* L. 120. — Menthe ? *Mentha piperita* L. 79.

Arhmani. Grenade. 131.

Arhmani. Grenadier. *Punica Granatum* L. 131.

Anousi. Sauge ? *Salvia ægyptiaca* L. 80.

Anaoushana. Peut-être synonyme de

Anouk. Conyza. *Erigeron ægyptiacus* L. 112.

Aour. Fève. *Vicia Faba* L. 157.

Aarou. Souchet. *Cyperus longus* L. 29.

Arp. Vin. 167.

Arouri. Vigne. *Vitis vinifera* L. 167.

Arouri. Raisin. 167.

Aham. Balsamum? Bdellium? 163.

Aser. Tamaris. *Tamarix nilotica* Ehrb. 133.

Ashep. Raisin sec. 167.

Ashed. Balanite. *Balanites ægyptiaca* Del. (Masp.). 169. — Sébestier. *Cordia Myxa* L. (Dümichen et Loret). 101.

Aaqi. Porreau? *Allium Porrum L.* (ϨⲀ̄Ⲓ, ϨⲞⲈ, ⲈⲞⲈ). 44.

Ati. Orge. *Hordeum vulgare* L. 18.

Ater. Pellicule du Papyrus. 28.

Adarrouga. Synonyme de

Ab. Pomme de Pin? 53.

Afa. Laitue? *Lactuca sativa* L 113.

Aoun. Genévrier. *Juniperus phœnicea* L. 51.

Annou. Même sens.

Anti. Encens. 163.

Arou. Peut-être synonyme de

Arshâ. Pois chiche. *Cicer arietinum* L. 152.

Arshana. Lentille. *Ervum Lens* L. 156.

Ash. Acacia. *Acacia Seyal* Del. 143.

Agaï. Menthe. *Mentha piperita* L. 79.

Agi. Huile de Sésame? 91.

Ouân. Genévrier. *Juniperus phœnicea* L. 51.

Ounshaou. Coriandre. *Coriandrum sativum* L. 122.

Ounshi. Graines de Coriandre. 122.

Ouâr. Synonyme de

Ouri. Germandrée. *Teucrium Polium* L. 82.

(démot.). **Ouartou.** Rose. *Rosa sancta* Rich. 136.

Ouhâ. Caroube. 146.

Outou. Feuille de Palmier. 38.

Bâi. Nervure médiane des frondes de Palmier. 38.

Bounnou. Dattier. *Phœnix dactylifera* L. 38.

Bounri. Datte. 38.

Besbes. Fenouil? *Anethum Fœniculum* L. 121.

Baq. Moringa. *Moringa aptera* Gærtn. 145.

Baqi. Huile de Ben. 145.

(Miss., I, 205), (Gr. Pap. Harr., XVI *a*, 11). **Baka.** Rhizome du Souchet comestible. *Cyperus esculentus* L. 26.

Bouti. Épeautre. *Triticum Spelta* L. 17. — Doura? *Sorghum vulgare* Pers. 24.

Badjar. Oignon? *Allium Cepa* L. 42.

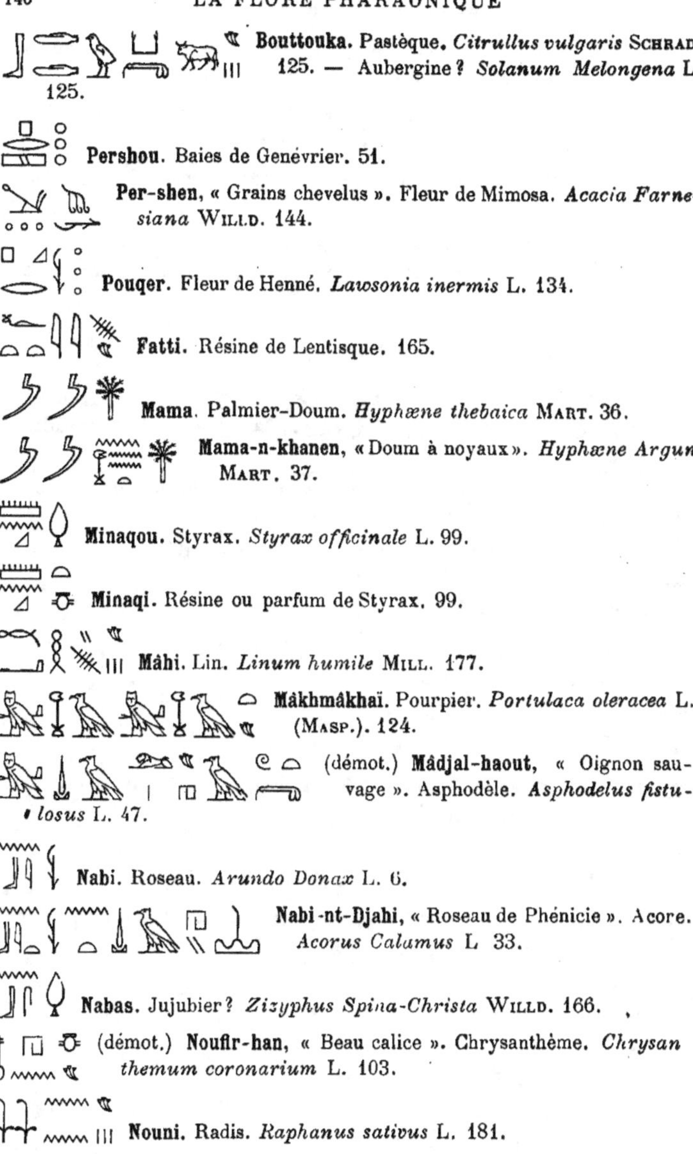

Bouttouka. Pastèque. *Citrullus vulgaris* Schrad. 125. — Aubergine? *Solanum Melongena* L.

Pershou. Baies de Genévrier. 51.

Per-shen, « Grains chevelus ». Fleur de Mimosa. *Acacia Farnesiana* Willd. 144.

Pouqer. Fleur de Henné. *Lawsonia inermis* L. 134.

Fatti. Résine de Lentisque. 165.

Mama. Palmier-Doum. *Hyphæne thebaica* Mart. 36.

Mama-n-khanen, « Doum à noyaux ». *Hyphæne Argun* Mart. 37.

Minaqou. Styrax. *Styrax officinale* L. 99.

Minaqi. Résine ou parfum de Styrax. 99.

Mâhi. Lin. *Linum humile* Mill. 177.

Mâkhmâkhaï. Pourpier. *Portulaca oleracea* L. (Masp.). 124.

(démot.) **Mâdjal-haout**, « Oignon sauvage ». Asphodèle. *Asphodelus fistulosus* L. 47.

Nabi. Roseau. *Arundo Donax* L. 6.

Nabi-nt-Djahi, « Roseau de Phénicie ». Acore. *Acorus Calamus* L. 33.

Nabas. Jujubier? *Zizyphus Spina-Christa* Willd. 166.

(démot.) **Noufir-han**, « Beau calice ». Chrysanthème. *Chrysanthemum coronarium* L. 103.

Nouni. Radis. *Raphanus sativus* L. 181.

Nouhi. Sycomore. *Ficus Sycomorus* L. 61.

Nouhi-nt-ânti, « Sycomore à encens ». *Boswellia thurifera* CART. 163.

Nouhi-sountir, « Sycomore à térébenthine ». *Pistacia Terebinthus* L. 164.

Nouhi-nt-dab, « Sycomore à figues ». Figuier. *Ficus carica* L. 62.

Nouhi-djaïri, « Sycomore à fruit *Djaïri* ». Caroubier ? *Ceratonia Siliqua* L. (ⲭⲓⲓⲡⲓ). 146. — Cédratier ? *Citrus Cedra* FERR. (ⲝⲉⲝⲣⲉ). 168.

Neheb. Voir ●

Arhmani. Grenade. 131.

Nekheb. Lotus rose. *Nelumbium speciosum* WILLD. 192.

Nas. Carthame. *Carthamus tinctorius* L. 108.

Nasi. Même sens.

Nasti. Même sens

Nesheb. Voir ●

Nakpata. Romarin ? *Rosmarinus officinalis* L. 81.

Noutem. Caroubier. *Ceratonia Siliqua* L. 146.

Rimi. Plantain d'eau ? *Alisma Plantago* L. 35.

Ha. Papyrus. *Cyperus Papyrus* L. 28.

Houâ. Caroube. 146.

Hab. Nom primitif de l'arbre suivant.

Habni. Ébénier. *Dalbergia melanoxylon* G. P. R. 96.

Habni. Ébène. 96.

Hemâ. Chaume resté en terre après qu'on a coupé les céréales à mi-hauteur.

(*Pap. méd. de Berlin*, I, 4). **Arhmani.** Forme renversée de Grenade. 131.

Harou, Harouir. Ronce, Épine. 56.

(démot.) **Hourouri-noub**, « Fleur d'or ». Chrysanthème. *Chrysanthemum coronarium* L. 103.

Houdj. Oignon. *Allium Cepa* L. 42.

Sannâr. Synonyme de .

Sou. Froment. *Triticum vulgare* VILL. 13.

Sib. Cèdre. *Pinus Cedrus* L. 52.

Seb-noutem, « Roseau odorant » Acore *Acorus Calamus* L. 33.

Sounter. Résine de Térébinthe. 164.

Sari. Souchet. *Cyperus fastigiatus* FORSK. 30.

Sarpat. Lotus bleu. *Nymphæa cœrulea* SAV. 194.

Sis-noutem. Bois de Caroubier. 146.

Soushin. Lotus blanc. *Nymphæa Lotus* L. 193.

Shaïou. Chou? *Brassica oleracea* L. (ϣϣⲛⲟⲩ). 183.

Shou. Filaments restés adhérents au tronc du Dattier, à la place des frondes tombées.

Shou-ament, « Souchet occidental ». Schœnanthe. *Andropogon Schœnanthus* L. 22.

Shaouabou. Peut-être synonyme du nom suivant.

Shoub. Lentisque. *Pistacia Lentiscus* L. 165.

Shabin. Rhizome du Souchet odorant. 25.

Shep. Raisin sec. 167.

Shoupi. Concombre? *Cucumis sativus* L. 129.

Shepen. Pavot? *Papaver somniferum* L. (LÜRING). 190.

(démot.). **Shamari**. Fenouil. *Anethum Fœniculum* L. 121.

Shamârn. Peut-être synonyme du mot précédent.

Shemshem. Nom sémitique égyptianisé du Sésame. *Sesamum indicum* D. C. 91.

Sheni. Synonyme de

Shant. Acacia égyptien *Acacia nilotica*. DEL. 142.

Shedehi, **Shedehou**. Liqueur de Grenade. 131.

Kanna. Acore. *Acorus Calamus* L. 33.

Kouanta. Nom ptolémaïque du Figuier. *Ficus carica* L. 62.

Kek-Nahsi, « Jonc de Nigritie ». Synonyme de

Qam-n-Koush, « Jonc d'Éthiopie ». Même sens.

Qami. 1° Gomme; 2° Résine. 142.

Quamnini. Nom sémitique égyptianisé du Cumin. *Cuminum Cyminum* L. 123.

Qanna. Voir .

Qash. *Eragrostis cynosuroides* R. et S. 10 — *Cyperus alopecuroides* ROTTB. 31.

Qouqou. Fruit du Palmier-Doum. 36.

Qadi. Concombre. *Cucumis Chate* L. 128.

Qeti. Conyza. *Conyza Dioscoridis* L. 111.

Qad. Cannelle. *Laurus Cassia* L. 70.

Gaïou. Souchet odorant, et Souchet comestible. *Cyperus rotundus* L., et *C. esculentus* L. 25, 26.

Ganna. Voir .

Ganoush. Arroche ? *Atriplex hortensis* L. 78. — Canne à sucre ? *Saccharum ægyptiacum* WILLD. 20.

Gangani. Raisin vert, verjus. 167.

Garouta. Gousse. 146.

Gash. Voir .

Tapenn. Cumin. *Cuminum Cyminum* L. 123.

Tarroukou. Liqueur de Caroube. 146.

Toura. Probablement synonyme de

Tari. Saule. *Salix Safsaf* FORSK. 55.

Tourouta. Doura ? *Sorghum vulgare* PERS. 24.

Tas. Cinnamome. *Laurus Cinnamomum* ANDR. 71.

(démot.). **Tehou-ab.** Camomille. *Matricaria Chamomilla* L. 105.

Dab. Figue. 62.

Dapih. Pommier. *Pyrus Malus* L. 137.

Dapih. Pomme. 137.

Darrouga. Caroube. 146.

Dinkon. Indigotier. *Indigofera argentea* L. 150.

Deqam. Ricin. *Ricinus communis* L. (RÉVILL.) 64.

Djaroudj. Gousse. 146.

Djâbi. Bois d'Aspalathe. *Convolvulus scoparius* L. 84.

(démot.). **Djapkhi.** Voir

Djamâ. Papier de Papyrus. 28.

Djaïri. Caroube (ϫⲓⲣⲓ). 146.

Djarmâ. Synonyme de

Djaata. Marjolaine? *Origanum Majorana* L. (MASP.). 83.

Djadi. Olivier. *Olea europæa* L. 94.

Djadi. Olive 94.

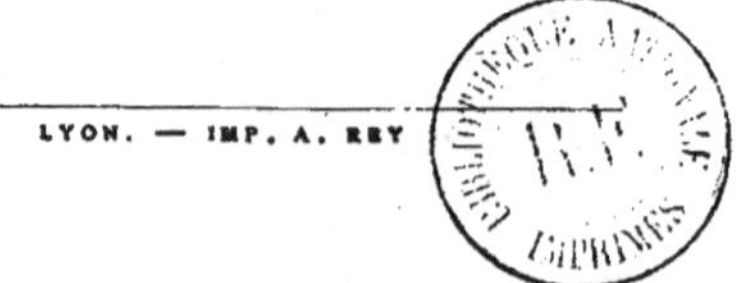